바쁜 친구들이 즐거워지는 빠른 학습법 ─ 측정 계산 훈련서

징검다리 교육연구소, 강난영 지음

바쁜 빠른

초등학생을 위한

길이와 시간 계산

이지스에듀

저자 소개

징검다리 교육연구소는 바쁜 친구들을 위한 빠른 학습법을 연구하는 이지스에듀의 공부 연구소입니다. 아이들이 기계적으로 공부하지 않도록, 두뇌가 활성화되는 과학적 학습 설계가 적용된 책을 만듭니다.

강난영 선생님은 영역별 연산 훈련 교재로, 연산 시장에 새바람을 일으킨 ≪바쁜 5·6학년을 위한 빠른 연산법≫, ≪바쁜 중1을 위한 빠른 중학연산≫, ≪바쁜 초등학생을 위한 빠른 구구단≫, ≪7살 첫 수학≫을 기획하고 집필한 저자입니다. 또한, 20년이 넘는 기간 동안 디딤돌, 한솔교육, 대교에서 초중등 콘텐츠를 연구, 기획, 개발해 왔습니다.

바빠 연산법 시리즈
바쁜 초등학생을 위한 빠른 길이와 시간 계산

초판 발행 2022년 1월 5일
초판 10쇄 2025년 10월 30일
지은이 징검다리 교육연구소, 강난영
발행인 이지연
펴낸곳 이지스퍼블리싱(주)
출판사 등록번호 제31-2010-123호
주소 서울시 마포구 잔다리로 109 이지스 빌딩 5층(우편번호 04003)
대표전화 02-325-1722   팩스 02-326-1723
이지스퍼블리싱 홈페이지 www.easyspub.com   이지스에듀 카페 www.easysedu.co.kr
바빠 아지트 블로그 blog.naver.com/easyspub   인스타그램 @easys_edu
페이스북 www.facebook.com/easyspub2014   이메일 service@easyspub.co.kr

기획 및 책임 편집 박지연 | 김현주, 정지연, 이지혜
표지 및 내지 디자인 정우영, 손한나 그림 김학수 전산편집 이츠북스 인쇄 보광문화사
영업 및 문의 이주동, 김요한(support@easyspub.co.kr)
마케팅 라혜주 독자 지원 박애림, 이세진, 김수경

ISBN 979-11-6303-323-3 64410
ISBN 979-11-6303-253-3(세트)
가격 12,000원

알찬 교육 정보도 만나고 출판사 이벤트에도 참여하세요!

1. 바빠 공부단 카페	2. 인스타그램	3. 카카오 플러스 친구
cafe.naver.com/easyispub	@easys_edu	이지스에듀 검색!

• **이지스에듀**는 이지스퍼블리싱의 교육 브랜드입니다.
  (이지스에듀는 학생들을 탈락시키지 않고 모두 목적지까지 데려가는 책을 만듭니다!)

초등학생이 어려워하는 길이와 시간 계산을 한 권에!

초등 2·3학년 수학에서 아이들이 어려워하는 부분 중 하나가 단위 변환과 계산입니다.
2학년에서 배운 길이 단위가 3학년부터 여러 개로 늘어나면서 혼란스러워하기 시작합니다.
특히 3학년 때 배우는 '길이와 시간' 단원에서 받아올림과 받아내림이 있는 계산은 어린이들
이 많이 힘들어합니다. 그래서 엄마들도 초등 수학의 마의 구간, 블랙홀이라고 부릅니다.
여러 가지 단위 사이의 관계는 익숙해지지 않으면 헷갈리고 계산 실수가 많이 나오므로 개
념부터 다지고 충분히 연습해야 합니다.

측정 영역 중에서 길이 계산, 시간 계산, 들이와 무게 계산은 초등 2학년 2학기, 3학년 1학
기, 3학년 2학기의 교과에 걸쳐서 배웁니다.

이 책은 생활과 밀접한 순서로 교과서와 같이
'길이와 시간'부터 '들이와 무게' 순으로 연결하
여 한 권으로 구성했습니다. 단위 계산 중 쉬운
내용은 축소하고, 아이들이 자주 틀리고 어려워
하는 내용을 더 늘려 탄력적으로 문제를 배치했
습니다.

따라서 이 책으로 공부하면 2·3학년 때 배우는
단위 계산을 모두 모아 한 권으로 완성할 수 있
습니다.

 **'단위 계산'의 기초부터 정확하게 단계적으로 연습해요!**

이 책은 여러 가지 단위 사이의 관계부터 받아올림과 받아내림이 있는 단위 계산까지 모두 다룹니다. 특히 '시간 계산' 마당에서는 받아올림이 2번 있는 시간의 합과 받아내림이 2번 있는 시간의 차까지 담아 시간 계산을 집중 연습할 수 있습니다.

2학년 공부를 끝낸 친구라면 이 책으로 3학년 때 배우는 단위 계산의 기초부터 정확하게 다지고 넘어가도록 도와주세요.

 **그림과 빈칸 채우기로 개념을 쉽게 익혀요!**

이 책은 개념을 그림으로 먼저 보여 주고 빈칸을 채워 넣으면서 스스로 이해할 수 있도록 구성했습니다. 자와 지도를 보면서 길이 단위 사이의 관계를 익히고, 몇 시간을 몇 분으로 바꿀 때는 기계적으로 계산하기보다 시계를 먼저 보여 주면서 1시간이 왜 60분인지 알려줍니다. 또한 들이와 부피도 비커와 추를 통해 받아올림이 있는 합과 받아내림이 있는 차의 원리를 보여 줍니다. 측정 영역도 원리부터 알아야 정확하게 이해할 수 있으니까요.

 **훈련 문제로 개념을 다진 뒤 생활 문장제, 놀이 유형까지 도전해요!**

개념을 이해했다면 이제 적정한 분량의 문제로 훈련해야 합니다. 이 책은 쉬운 내용은 적게, 어려운 내용은 더 많이 연습하도록 구성했습니다. 또한 개념을 하나씩 익힌 다음 자연스럽게 기초 문장제로 이어지는 '도전! 문장제'와 게임하듯 풀어 보는 '연산 놀이터' 코너로 각 개념을 마무리할 수 있습니다.

'바빠 길이와 시간 계산'을 통해 쉽고 재미있게 길이, 시간, 들이와 무게를 완성해 보세요!

'바빠 길이와 시간 계산'의 구성과 특징

1. 한눈에 보는 개념 그림과 빈칸 채우기로 개념을 이해해요!

측정 영역도 계산 원리를 알면 개념을 이해하기 쉽습니다. 이 책은 개념을 그림으로 보여
주고 빈칸을 채워 넣으면서 스스로 익히도록 구성했습니다. 빠독이와 함께 개념을 꼼꼼히
익혀 봐요!

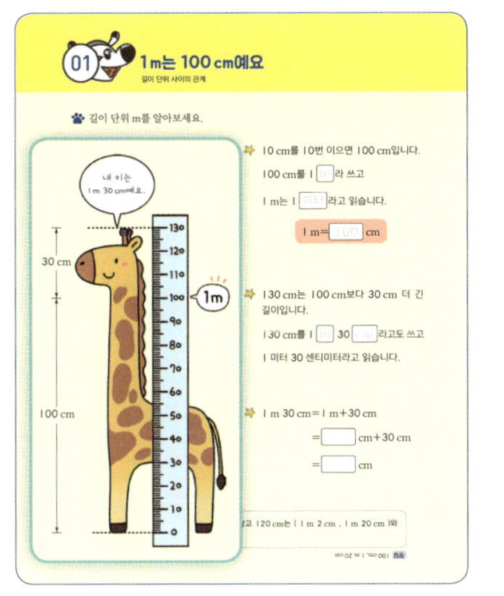

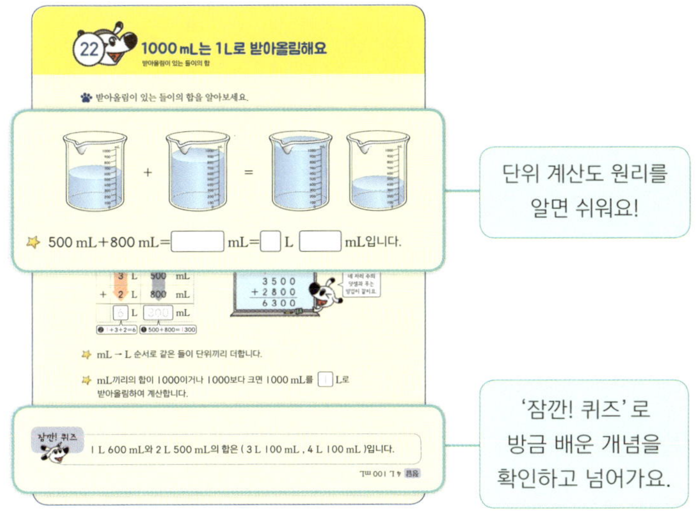

2. 친절한 도움말 혼자 푸는 데도 선생님이 옆에 있는 것 같아요!

책 곳곳에 친절한 도움말을 담았어요. 문제를 풀 때 알아 두면 좋은 '꿀팁'부터 친구들이 자
주 실수하는 '앗! 실수'까지! 책 속의 친절한 선생님과 함께 풀 수 있어요!

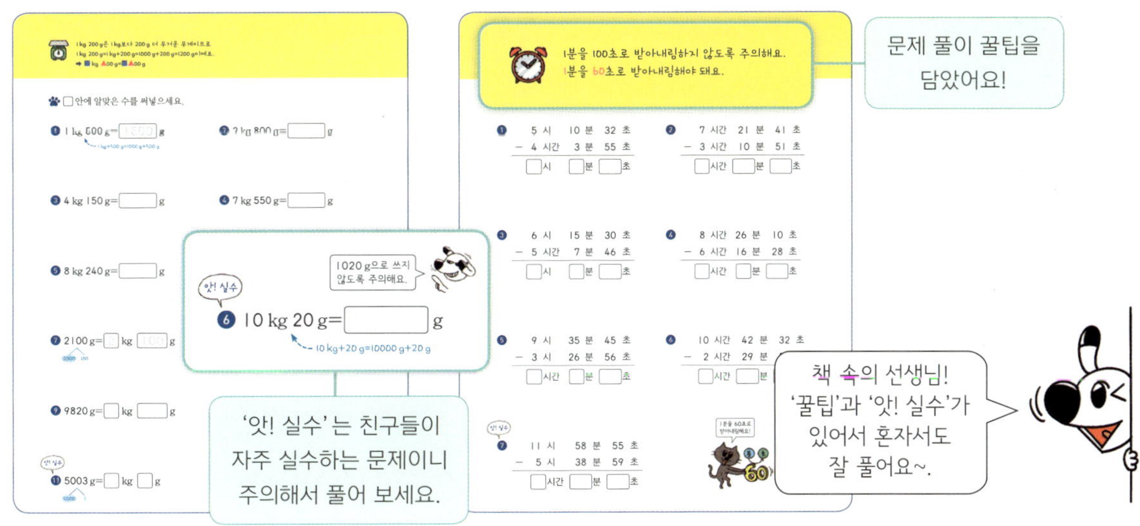

3. 작은 발걸음 방식 훈련 문제 조금씩 수준을 높여서 차근차근 도전해요!

쉬운 내용은 빠르게 학습하고, 어려운 부분은 더 많이 훈련하도록 구성해 학습 효율을 높였어요. 또한 조금씩 수준을 높여 도전하는 바빠의 '작은 발걸음 방식(small step)'으로 몰입도를 높였어요. 개념을 익힌 후 훈련 문제로 개념을 다져 보세요. 너무 많지도 적지도 않는 딱 적정한 분량의 문제를 제시했으니 집중해서 풀어 봐요!

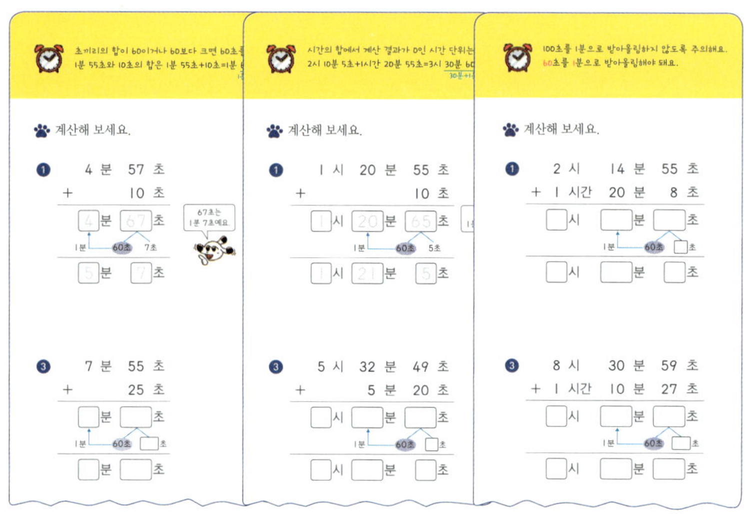

4. 다양한 문제로 마무리 다채롭게 공부하니 자신감이 저절로 생겨요!

한 단계가 끝날 때마다 쉬운 생활 속 문장제와 게임처럼 즐겁게 마무리하는 연산 문제로 개념을 정리할 수 있어요. 다양한 문제로 이해하고, 내 것으로 만들면 자신감이 저절로 생길 거예요!

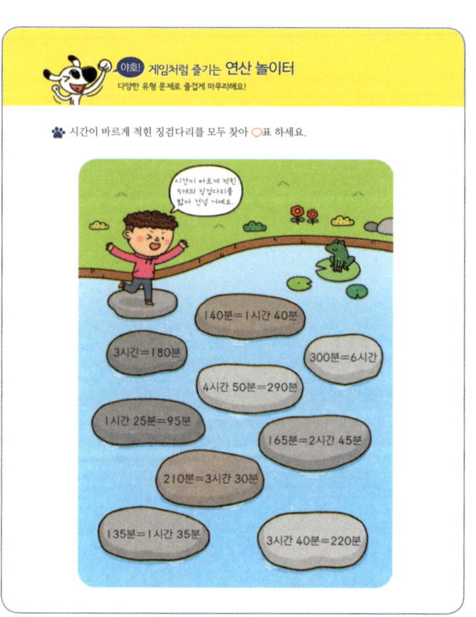

자가 없던 옛날에는 어떻게 길이를 나타냈을까요?

고대 이집트에서는 가장 오래된 단위라고 알려진 '큐빗'을 단위로 사용했어요. '큐빗'은 팔꿈치에서 가운뎃손가락 끝까지의 길이예요. 이집트인들은 이 단위를 이용해 피라미드를 만들었답니다.

영국에서는 '야드', '인치', '피트'를 사용했는데 '야드'는 코끝에서 엄지손가락 끝까지의 길이이고, '인치'는 엄지손가락의 폭, '피트'는 발뒤꿈치에서 엄지발가락 끝까지의 길이예요.

하지만 사람마다 몸의 길이가 다르다 보니 큰 혼동이 생겼어요. 그래서 1799년 프랑스에서 복잡한 수백 개의 단위를 통일하기 위해 처음으로 '1 미터(1 m)'를 사용했어요.

1875년 5월 20일에 길이 단위인 '미터(m)'가 세계 공통으로 사용하는 단위로 정해졌답니다.

 **차 례**

바쁜 초등학생을 위한 빠른 길이와 시간 계산

첫째 마당 · 길이 계산

2-2 교과서 3. 길이 재기
- cm보다 더 큰 단위
- 길이의 합 구하기
- 길이의 차 구하기

3-1 교과서 5. 길이와 시간
- 1 cm보다 작은 단위
- 1 m보다 큰 단위
- 길이의 합 구하기
- 길이의 차 구하기

둘째 마당 · 시간 계산

2-2 교과서 4. 시각과 시간
- 1시간 알아보기

3-1 교과서 5. 길이와 시간
- 1분보다 작은 단위
- 시간의 합 구하기
- 시간의 차 구하기

셋째 마당 · 들이와 무게 계산

3-2 교과서 5. 들이와 무게
- 들이 단위 L, mL
- 들이의 합과 차
- 무게 단위 kg, g, t
- 무게의 합과 차

☆ 나만의 공부 계획을 세워 보자

☑ 가볍게 공부하고 싶어요.

☑ 지금 3학년 1학기를 예습하는 거예요.

27일 완성!

하루에 한 단계씩 공부하세요!

27일이면 이 책을 끝낼 수 있어요.

☑ 지금 3학년이에요.

☑ '길이와 시간' 단원을 공부한 적이 있지만 실수가 잦아요.

20일 완성!

☐ 1일차	01~02
☐ 2일차	03~04
☐ 3일차	05
☐ 4일차	06
☐ 5일차	07
☐ 6일차	08~09
☐ 7일차	10~11
☐ 8일차	12
☐ 9일차	13
☐ 10일차	14
☐ 11일차	15~16
☐ 12일차	17
☐ 13일차	18
☐ 14일차	19
☐ 15일차	20~21
☐ 16일차	22
☐ 17일차	23
☐ 18일차	24~25
☐ 19일차	26
☐ 20일차	27

☑ 방학이라 시간이 좀 있어요~.

☑ 복습이라서 빠르게 끝내고 싶어요.

14일 완성!

☐ 1일차	01~02
☐ 2일차	03~04
☐ 3일차	05~06
☐ 4일차	07~09
☐ 5일차	10~11
☐ 6일차	12~13
☐ 7일차	14
☐ 8일차	15~16
☐ 9일차	17~18
☐ 10일차	19
☐ 11일차	20~21
☐ 12일차	22~23
☐ 13일차	24~25
☐ 14일차	26~27

첫째
마당
길이 계산
빠독이를 따라
이상한 길이 나라를
탈출해 보아요.
오늘 공부한
단계를 색칠해
보세요!

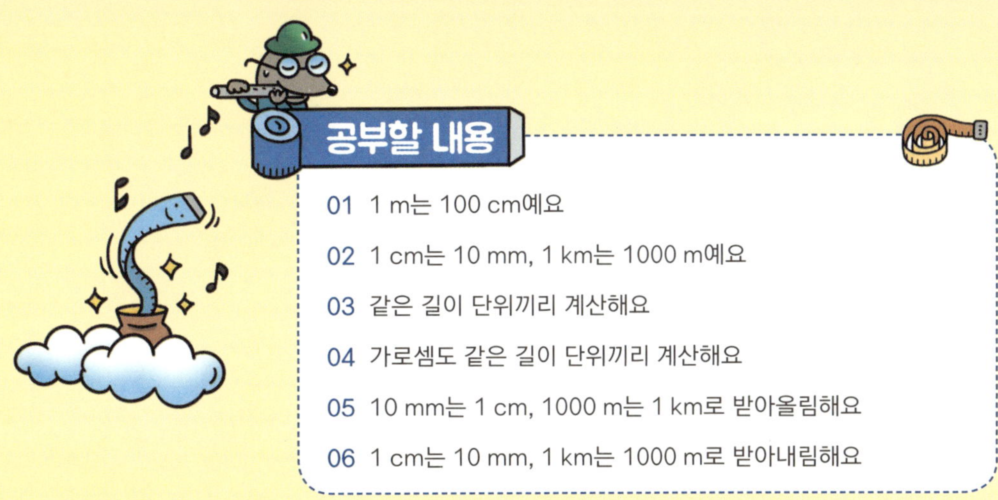

공부할 내용

도착

🐾 길이 단위 m를 알아보세요.

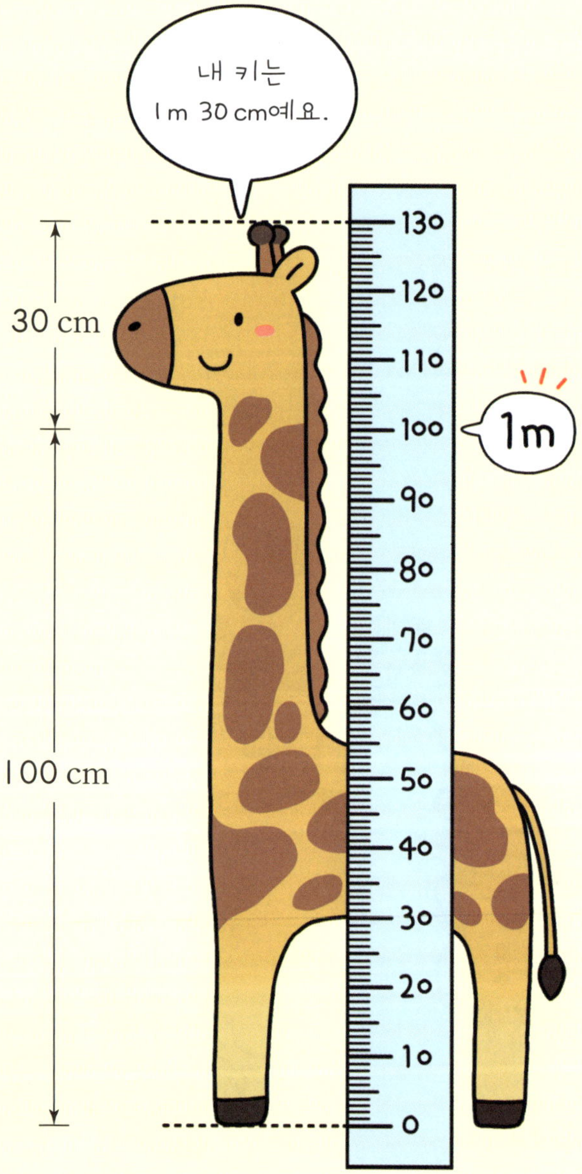

⭐ 10 cm를 10번 이으면 100 cm입니다.

100 cm를 1 m 라 쓰고

1 m는 1 미터 라고 읽습니다.

1 m= 100 cm

⭐ 130 cm는 100 cm보다 30 cm 더 긴 길이입니다.

130 cm를 1 m 30 cm 라고도 쓰고

1 미터 30 센티미터라고 읽습니다.

⭐ 1 m 30 cm = 1 m + 30 cm

= ⬚ cm + 30 cm

= ⬚ cm

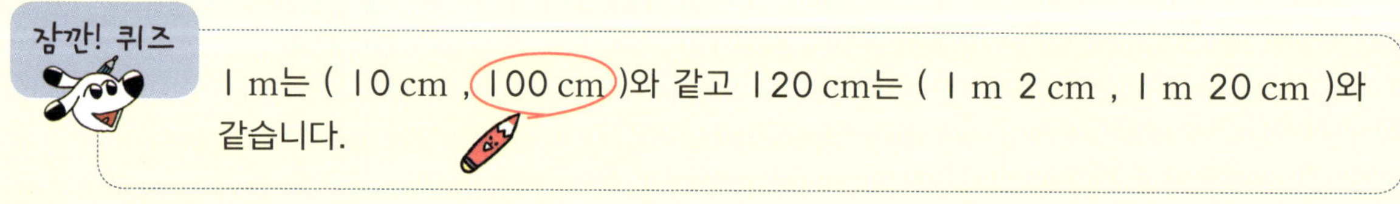

잠깐! 퀴즈

1 m는 (10 cm , (100 cm))와 같고 120 cm는 (1 m 2 cm , 1 m 20 cm)와 같습니다.

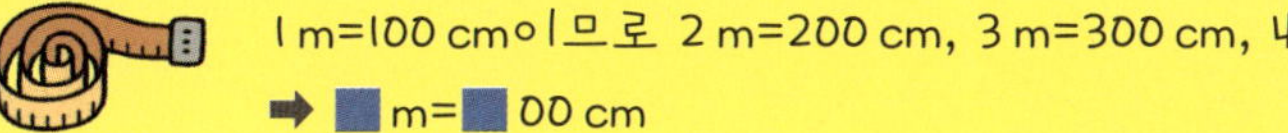

🐾 ☐ 안에 알맞은 수를 써넣으세요.

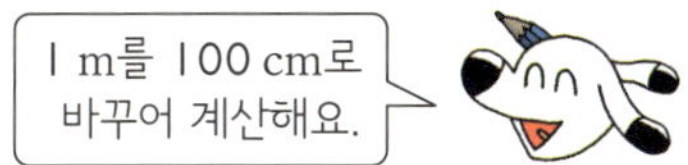

1 1 m = `100` cm

2 3 m = ☐ cm
1 m+1 m+1 m
=100 cm+100 cm+100 cm

3 4 m = ☐ cm

4 5 m = ☐ cm

5 8 m = ☐ cm

6 9 m = ☐ cm

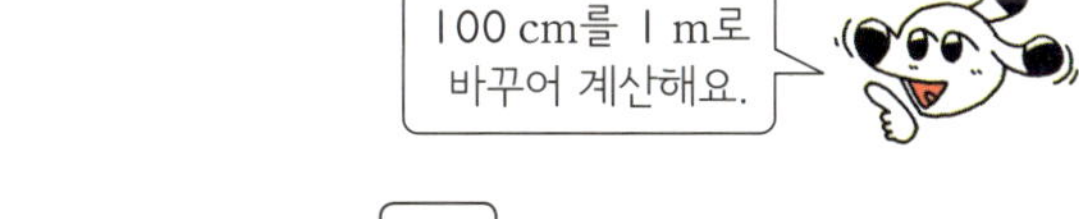

7 100 cm = `1` m

8 200 cm = ☐ m
100 cm+100 cm=1 m+1 m

9 300 cm = ☐ m

10 500 cm = ☐ m

11 600 cm = ☐ m

12 700 cm = ☐ m

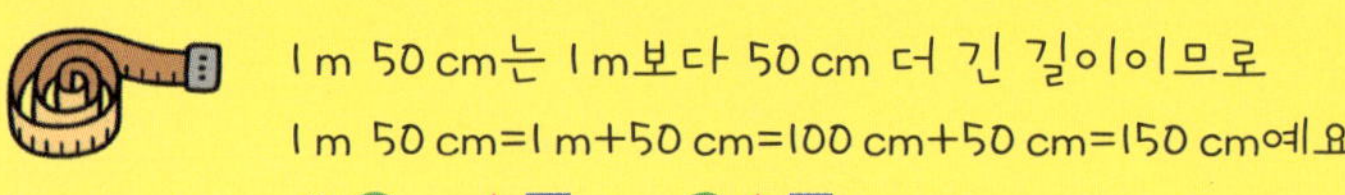

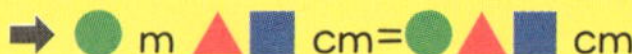

🐾 □안에 알맞은 수를 써넣으세요.

① 1 m 40 cm＝1 m＋40 cm
   ＝ ☐ 100 ☐ cm＋40 cm
   ＝ ☐ cm

② 2 m 80 cm＝2 m＋80 cm
   ＝ ☐ cm＋80 cm
   ＝ ☐ cm

③ 1 m 90 cm＝ ☐ cm

④ 3 m 25 cm＝ ☐ cm

⑤ 4 m 55 cm＝ ☐ cm

⑥ 6 m 74 cm＝ ☐ cm

⑦ 5 m 12 cm＝ ☐ cm

⑧ 7 m 41 cm＝ ☐ cm

⑨ 8 m 27 cm＝ ☐ cm

⑩ 9 m 83 cm＝ ☐ cm

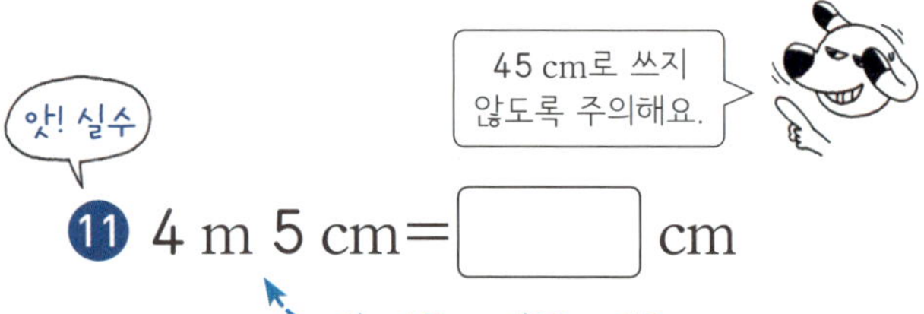

⑪ 4 m 5 cm＝ ☐ cm

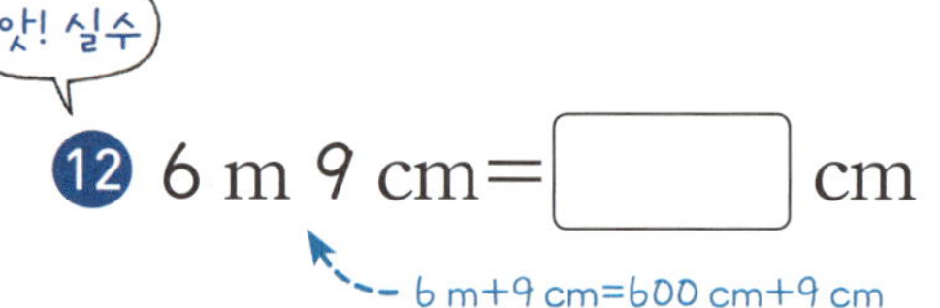

⑫ 6 m 9 cm＝ ☐ cm

 130 cm는 100 cm보다 30 cm 더 긴 길이이므로
130 cm=100 cm+30 cm=1 m+30 cm=1 m 30 cm예요.

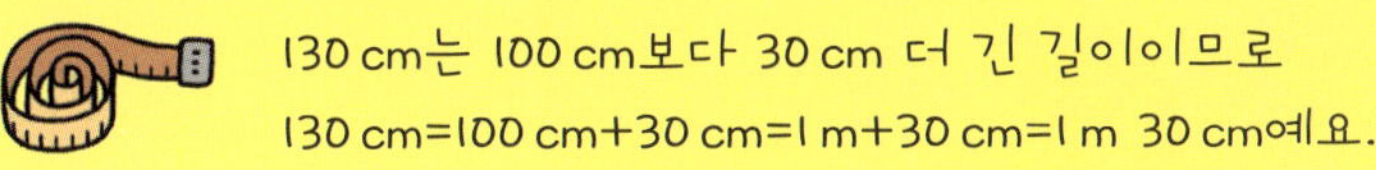

🐾 ☐ 안에 알맞은 수를 써넣으세요.

① 120 cm=100 cm+20 cm
100 20
=☐ m+20 cm
=☐ m ☐ cm

② 250 cm=200 cm+50 cm
200 50
=☐ m+50 cm
=☐ m ☐ cm

③ 170 cm=☐ m ☐ cm

④ 310 cm=☐ m ☐ cm

⑤ 260 cm=☐ m ☐ cm

⑥ 480 cm=☐ m ☐ cm

⑦ 396 cm=☐ m ☐ cm

⑧ 591 cm=☐ m ☐ cm

⑨ 764 cm=☐ m ☐ cm

앗! 실수
802 cm=800 cm+2 cm
⑩ 802 cm=☐ m ☐ cm

앗! 실수
⑪ 1006 cm=☐ m ☐ cm

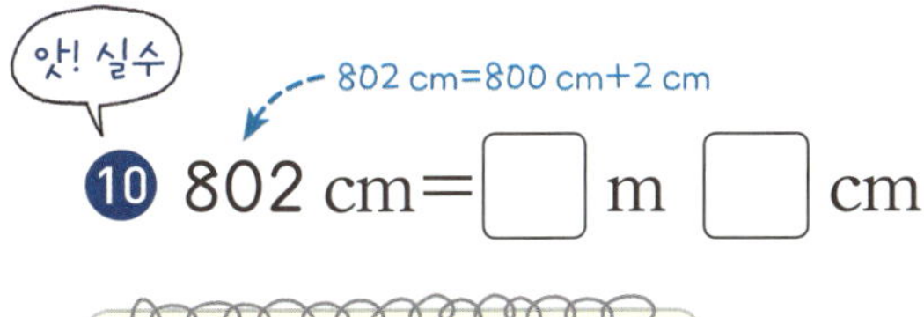

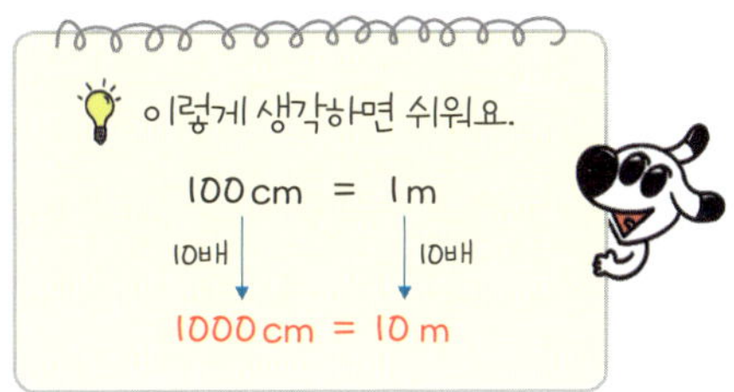

🐾 알맞게 나타낸 것을 모두 찾아 ◯표 하세요.

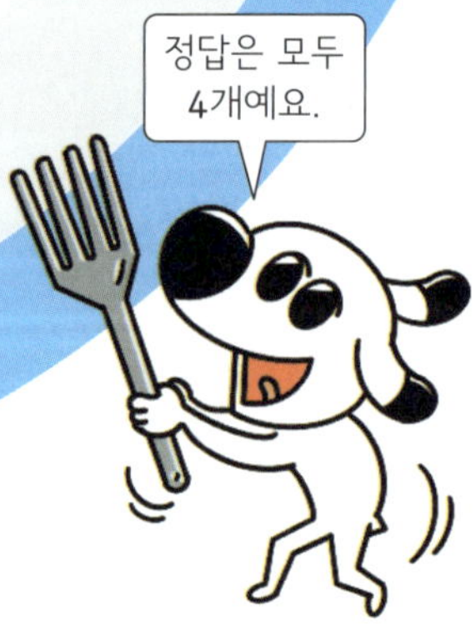

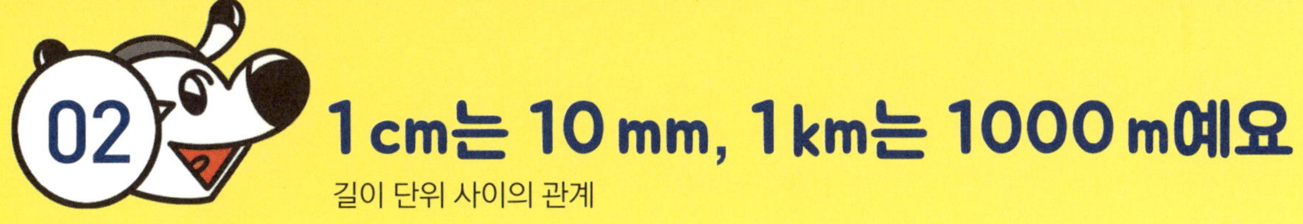

02 1cm는 10mm, 1km는 1000m예요

길이 단위 사이의 관계

🐾 길이 단위 mm, km를 알아보세요.

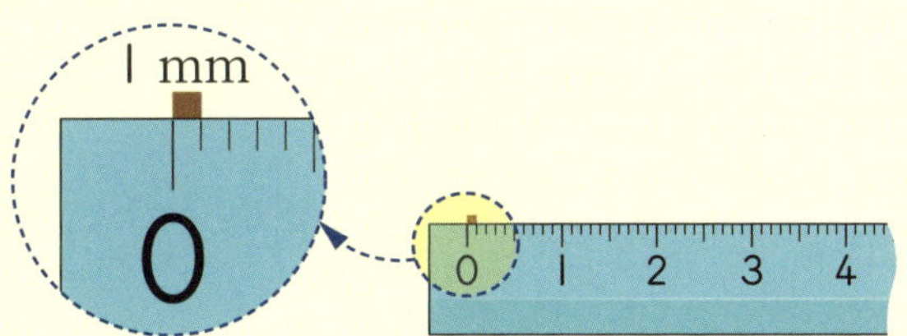

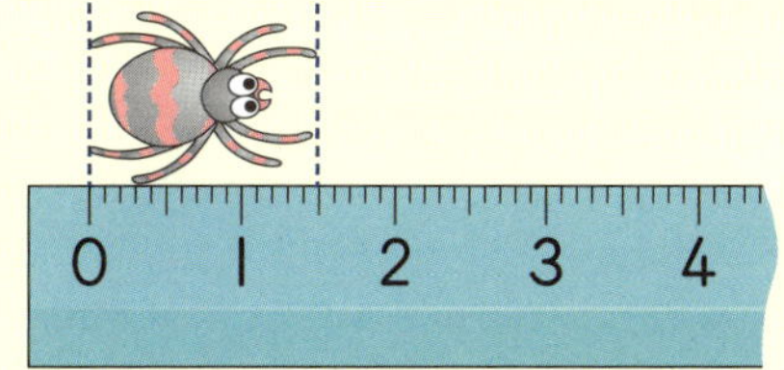

⭐ 1 cm를 10칸으로 똑같이 나누었을 때 작은 눈금 한 칸의 길이(■)를

1 $\boxed{mm}$ 라 쓰고 1 $\boxed{밀리미터}$ 라 읽습니다.

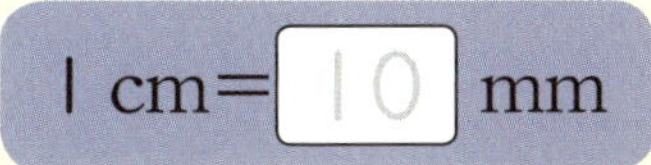

⭐ 거미의 몸 길이는 1 cm보다 작은 눈금 $\boxed{5}$ 칸 더 긴 길이이므로

1 cm $\boxed{5}$ mm= $\boxed{}$ mm입니다.

└─ 1 cm+5 mm=10 mm+5 mm

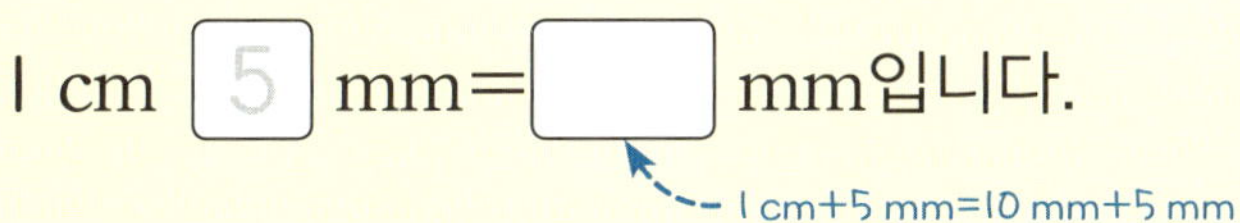

⭐ 100 m를 10번 이으면 1000 m입니다.

1000 m를 1 $\boxed{km}$ 라 쓰고 1 km는 1 $\boxed{킬로미터}$ 라고 읽습니다.

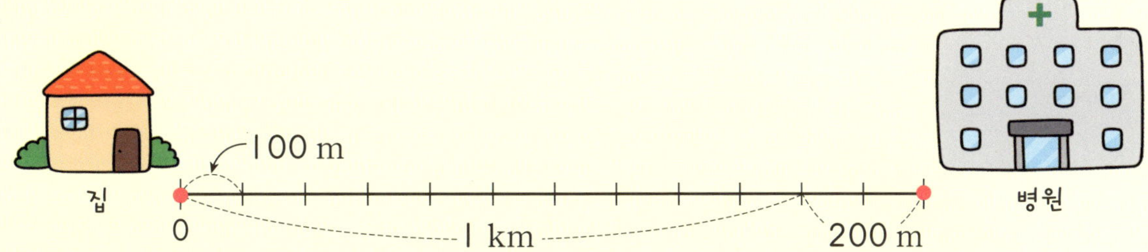

⭐ 집에서 병원까지의 거리는 1 km보다 200 m 더 먼 거리이므로

1 km $\boxed{}$ m= $\boxed{}$ m입니다.

└─ 1 km+200 m=1000 m+200 m

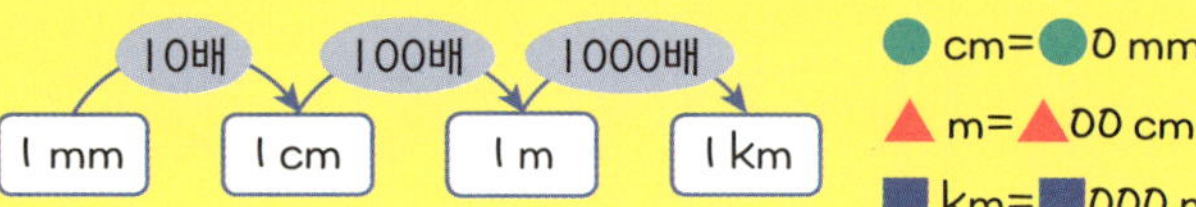

🐾 ☐ 안에 알맞은 수를 써넣으세요.

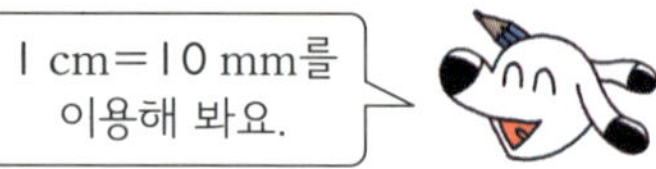

1 1 cm = ☐10☐ mm

2 3 cm = ☐ mm

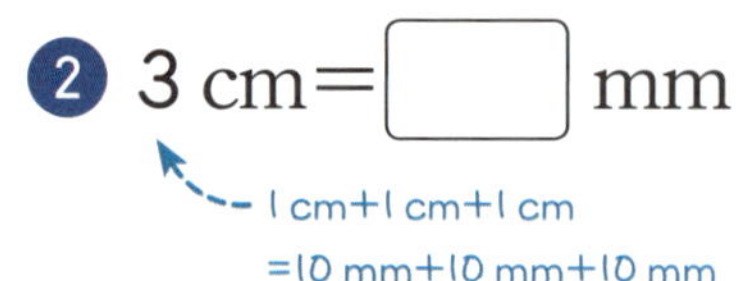

3 5 cm = ☐ mm

4 20 mm = ☐ cm

5 40 mm = ☐ cm

6 120 mm = ☐ cm

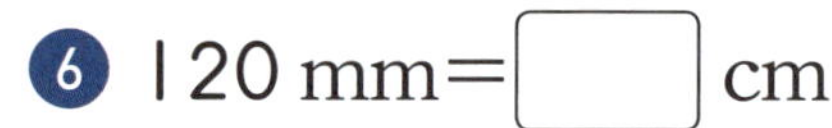

7 1 km = ☐1000☐ m

8 2 km = ☐ m

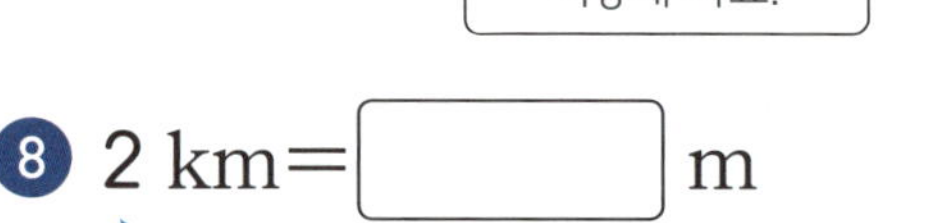

9 7 km = ☐ m

10 3000 m = ☐ km

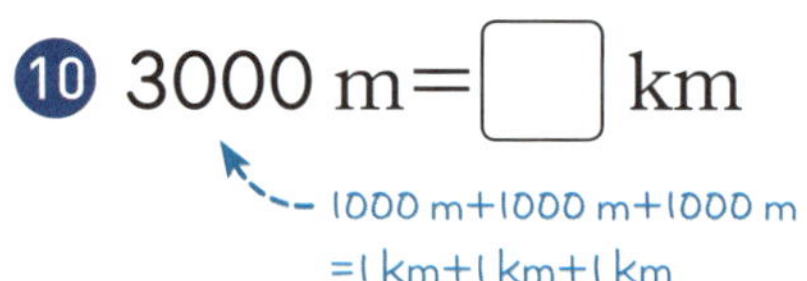

11 6000 m = ☐ km

12 9000 m = ☐ km

3 cm 4 mm는 3 cm보다 4 mm 더 긴 길이이므로
3 cm 4 mm=3 cm+4 mm=30 mm+4 mm=34 mm예요.
➡ ■ cm ▲ mm=■▲ mm

□ 안에 알맞은 수를 써넣으세요.

1 2 cm 5 mm = $\boxed{25}$ mm
2 cm+5 mm=20 mm+5 mm

2 4 cm 3 mm = ☐ mm

3 3 cm 8 mm = ☐ mm

4 6 cm 9 mm = ☐ mm

5 7 cm 6 mm = ☐ mm

6 10 cm 3 mm = ☐ mm
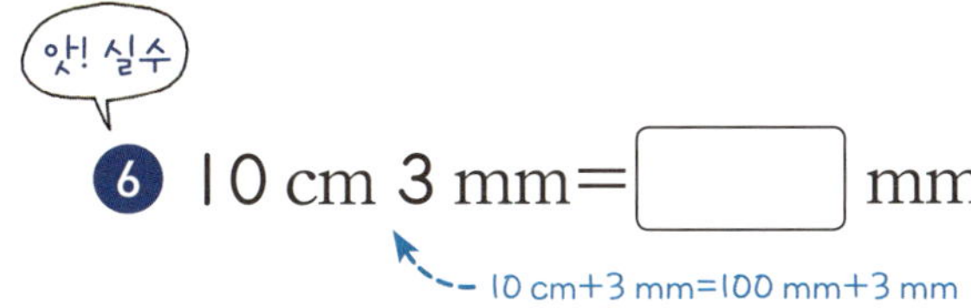

10 cm+3 mm=100 mm+3 mm

7 32 mm = $\boxed{3}$ cm $\boxed{2}$ mm
30 2

8 54 mm = ☐ cm ☐ mm

9 63 mm = ☐ cm ☐ mm

10 87 mm = ☐ cm ☐ mm

11 75 mm = ☐ cm ☐ mm

12 206 mm = ☐ cm ☐ mm
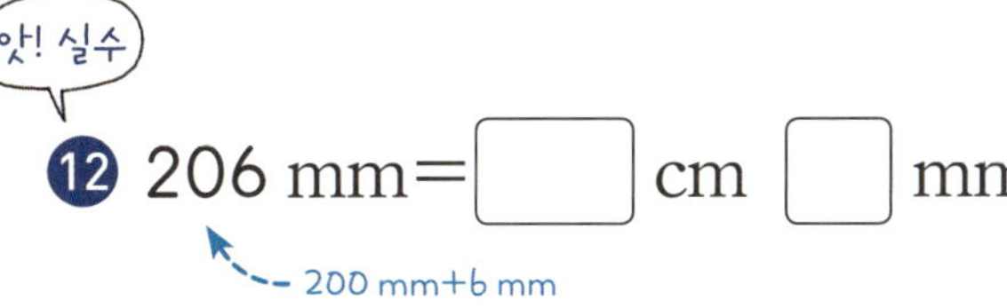

200 mm+6 mm

🐾 ☐ 안에 알맞은 수를 써넣으세요.

❶ 1 km 500 m = ☐ m

❷ 2 km 300 m = ☐ m

❸ 4 km 800 m = ☐ m

❹ 5 km 650 m = ☐ m

❺ 3 km 970 m = ☐ m

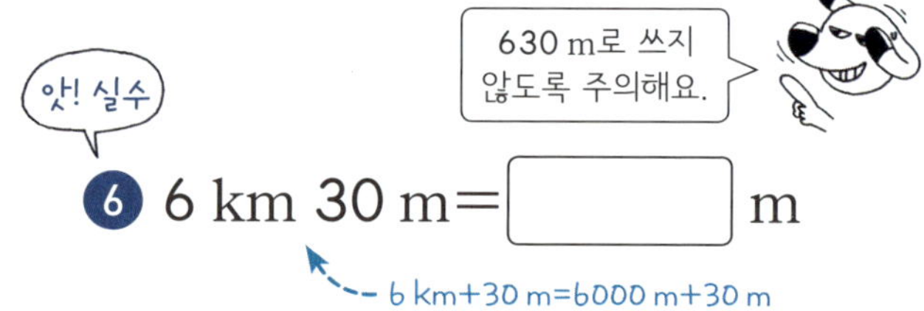

❻ 6 km 30 m = ☐ m

❼ 2300 m = 2 km 300 m

❽ 3260 m = ☐ km ☐ m

❾ 6180 m = ☐ km ☐ m

❿ 4950 m = ☐ km ☐ m

⓫ 5008 m = ☐ km ☐ m

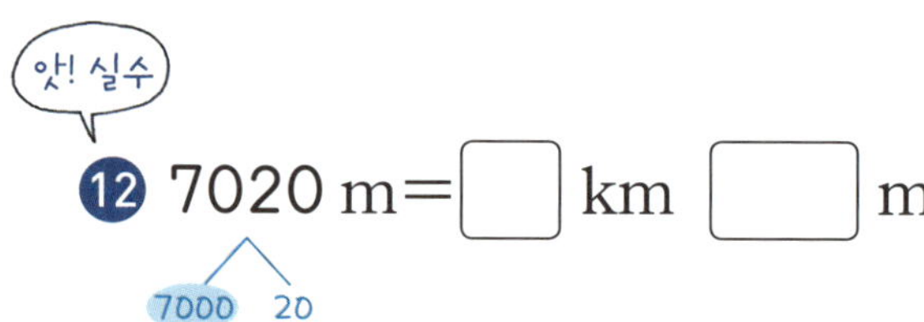

⓬ 7020 m = ☐ km ☐ m

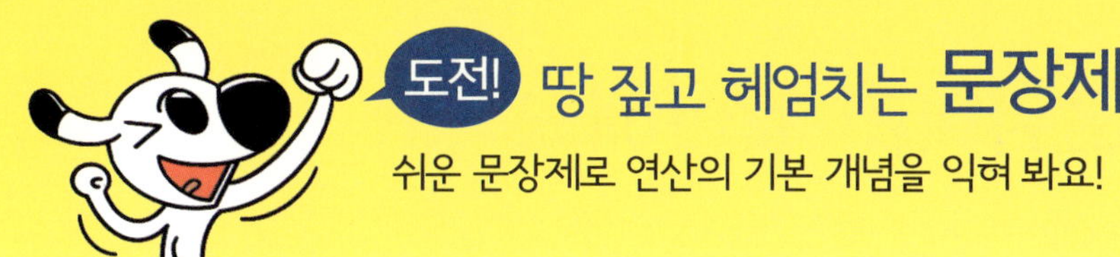

🐾 문장을 읽고 알맞은 길이 단위에 ◯표 하세요.

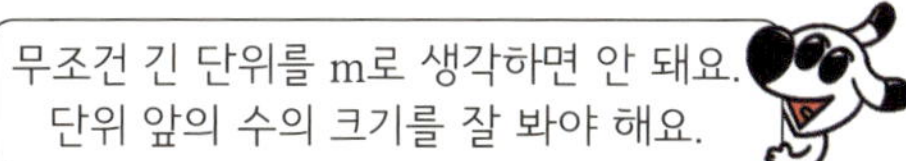

1 가로등의 높이는 약 5 (cm , (m))예요.

2 연필의 길이는 12 (cm , m)예요.

3 클립의 길이는 26 (m , mm)예요.

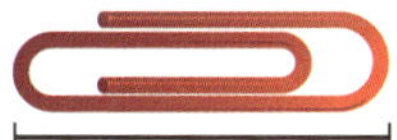

4 지후의 키는 138 (cm , m)예요.

5 윤서의 운동화의 길이는 210 (mm , cm)예요.

6 대교의 길이는 약 2 (m , km)예요.

↖ 대교(大橋)는 '큰 다리'라는 뜻이에요.

7 냉장고의 높이는 약 170 (cm , m)예요.

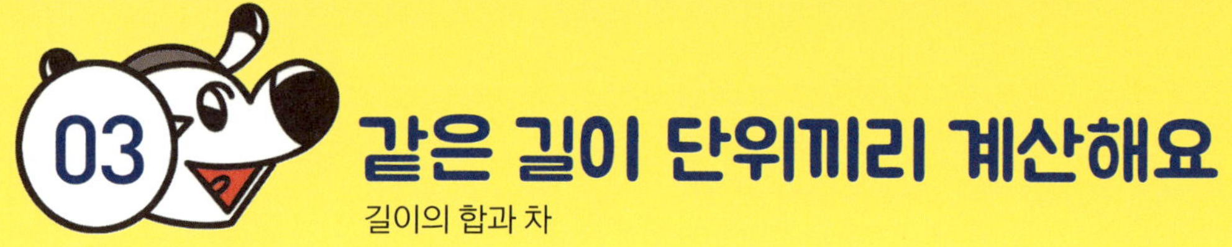

03 같은 길이 단위끼리 계산해요

길이의 합과 차

🐾 그림을 보고 길이의 합과 차를 알아보세요.

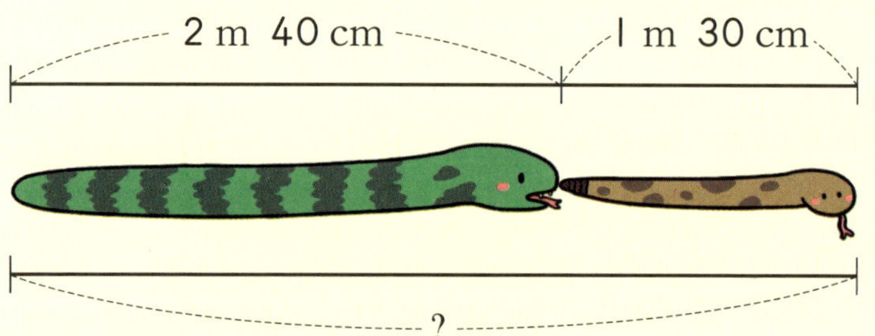

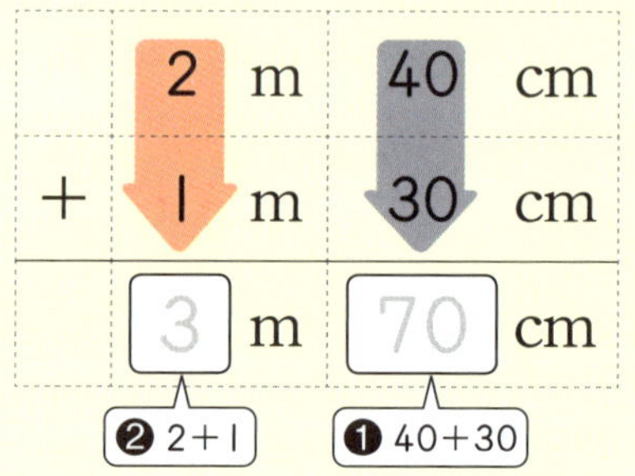

	2	m	40	cm
+	1	m	30	cm
	3	m	70	cm

❷ 2+1 ❶ 40+30

⭐ 길이의 합을 구할 때는 m는 ☐ m 끼리, cm는 ☐ cm 끼리 더합니다.

⭐ 두 뱀의 몸 길이의 합은 ☐ m ☐ cm입니다.

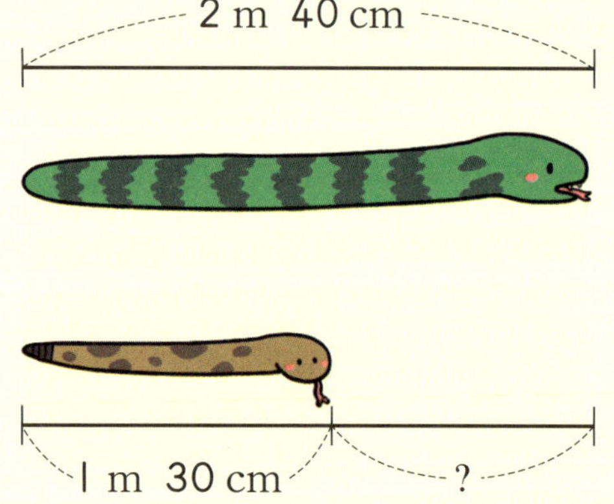

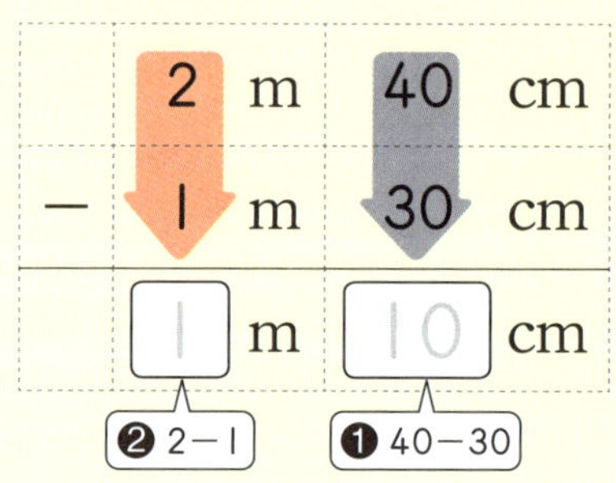

	2	m	40	cm
−	1	m	30	cm
	1	m	10	cm

❷ 2−1 ❶ 40−30

⭐ 길이의 차를 구할 때는 m는 ☐ m 끼리, cm는 ☐ cm 끼리 뺍니다.

⭐ 두 뱀의 몸 길이의 차는 ☐ m ☐ cm입니다.

길이의 계산은 m는 (cm , m)끼리, cm는 (cm , m)끼리 계산합니다.

정답 m, cm

길이의 합을 구할 때는 m는 m끼리, cm는 cm끼리 더해요.
더하는 수가 없으면
그대로 내려 써요.

🐾 계산해 보세요.

cm → m 순서로 같은
길이 단위끼리 더해요.

1
```
      ❷        ❶
      1  m    10  cm
+     2  m    20  cm
─────────────────────
   [3] m    [30] cm
```

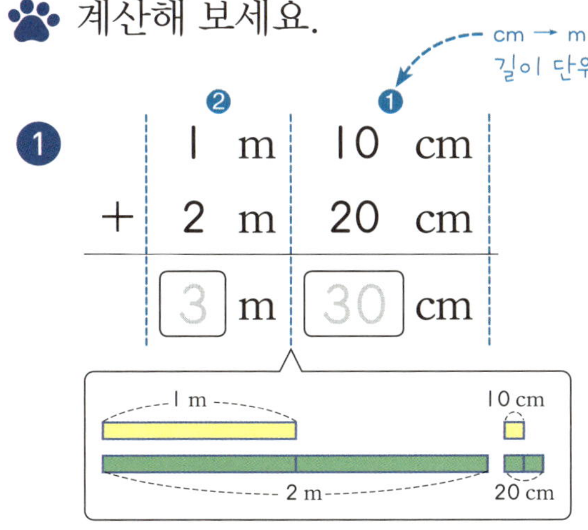

2
```
      2  m    60  cm
+     3  m    10  cm
─────────────────────
   [ ] m    [  ] cm
```

3
```
      3  m    32  cm
+     4  m    15  cm
─────────────────────
   [ ] m    [  ] cm
```

4
```
      6  m    44  cm
+     1  m    20  cm
─────────────────────
   [ ] m    [  ] cm
```

5
```
      7  m    55  cm
+     1  m    25  cm
─────────────────────
   [ ] m    [  ] cm
```

6
```
      4  m    17  cm
+     8  m    36  cm
─────────────────────
   [ ] m    [  ] cm
```

7
```
      9  m    28  cm
+     2  m
─────────────────────
   [ ] m    [  ] cm
```

더하는 수가 없으면
그대로 내려 써요.

8
```
     12  m    51  cm
+     5  m     9  cm
─────────────────────
   [ ] m    [  ] cm
```

길이의 차를 구할 때는 m는 m끼리, cm는 cm끼리 빼요.

🐾 계산해 보세요.

1

	❷ 2	m	❶ 30	cm
−	1	m	10	cm
	1	m	20	cm

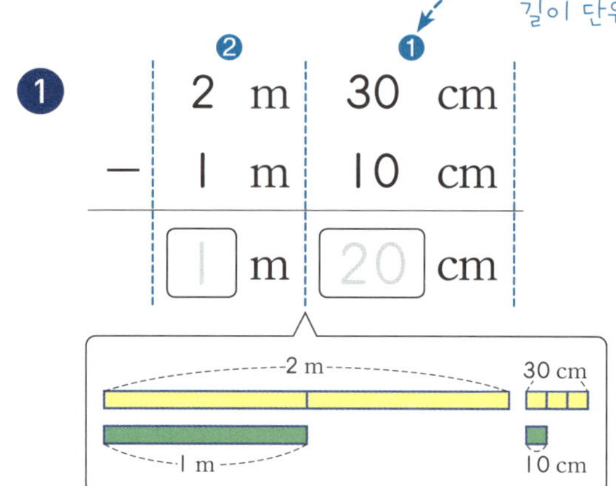

2

	4	m	50	cm
−	3	m	25	cm
		m		cm

3

	8	m	37	cm
−	7	m	23	cm
		m		cm

4

	10	m	39	cm
−	6	m	18	cm
		m		cm

5

	9	m	44	cm
−	8	m	15	cm
		m		cm

6

	13	m	27	cm
−	7	m		
		m		cm

7

	22	m	50	cm
−	15	m	33	cm
		m		cm

8

	18	m	62	cm
−	13	m	7	cm
		m		cm

길이의 합과 차에서 같은 단위끼리 계산하는 이유는
1 m와 1 cm처럼 같은 수라도 단위가 다르면 다른 길이를 나타내기 때문이에요.

😸 계산해 보세요.

1

$$21 \text{ m} \quad 28 \text{ cm}$$
$$+ \quad 3 \text{ m} \quad 5 \text{ cm}$$

□ m □ cm

2

$$12 \text{ m} \quad 32 \text{ cm}$$
$$- \quad 9 \text{ m} \quad 27 \text{ cm}$$

□ m □ cm

3

$$13 \text{ m} \quad 33 \text{ cm}$$
$$+ \quad 17 \text{ m} \quad 44 \text{ cm}$$

□ m □ cm

4

$$20 \text{ m} \quad 25 \text{ cm}$$
$$- \quad 15 \text{ m} \quad 8 \text{ cm}$$

□ m □ cm

5

$$26 \text{ m} \quad 12 \text{ cm}$$
$$+ \quad 15 \text{ m} \quad 38 \text{ cm}$$

□ m □ cm

6

$$31 \text{ m} \quad 63 \text{ cm}$$
$$- \quad 14 \text{ m} \quad 34 \text{ cm}$$

□ m □ cm

7

$$24 \text{ m} \quad 26 \text{ cm}$$
$$+ \quad 29 \text{ m} \quad 39 \text{ cm}$$

□ m □ cm

🐾 윤우네 집과 주변에 있는 가게들의 거리입니다. ☐ 안에 알맞은 수를 써넣으세요.

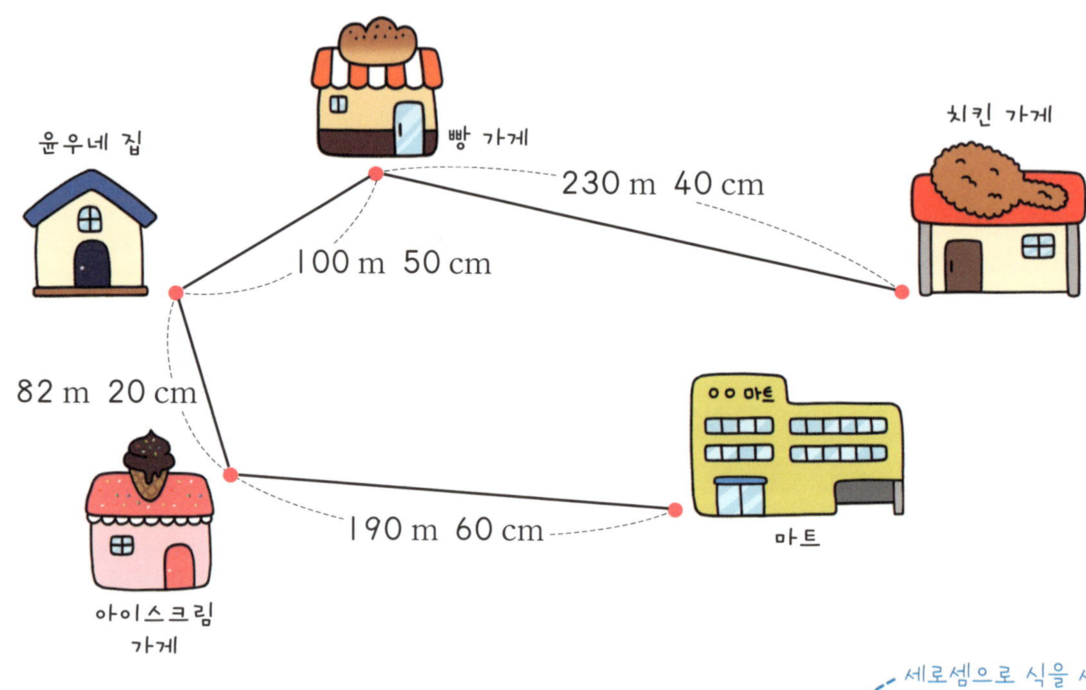

① 집에서 빵 가게를 지나 치킨 가게까지의 거리는

☐ m ☐ cm예요.

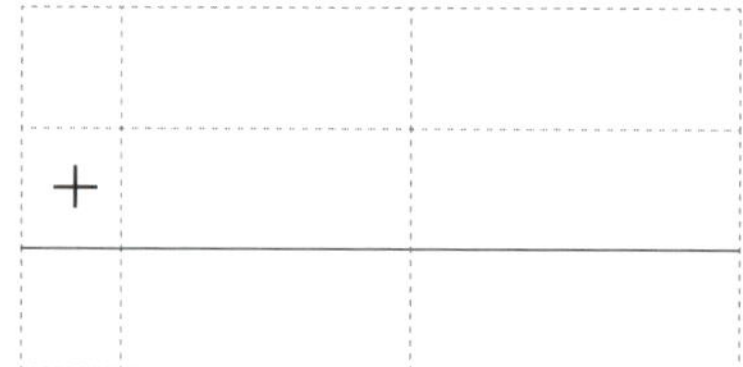

② 집에서 아이스크림 가게를 지나 마트까지의 거리는

☐ m ☐ cm예요.

③ 집에서 빵 가게를 지나 치킨 가게까지의 거리는
집에서 아이스크림 가게를 지나 마트까지의 거리보다

☐ m ☐ cm 더 멀어요.

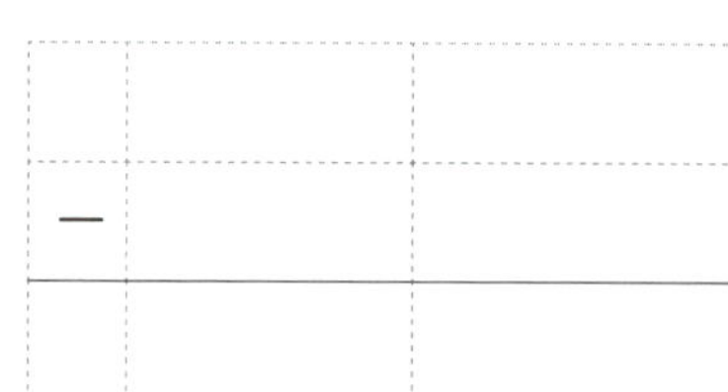

🐾 그림을 보고 길이의 계산을 해 보세요.

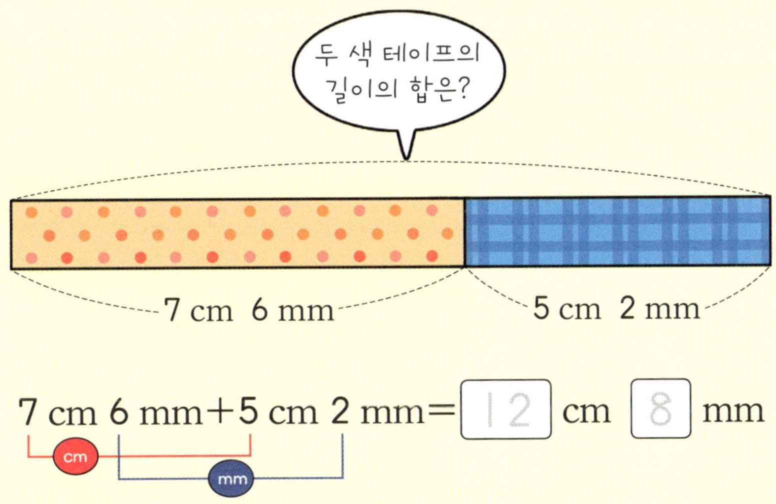

7 cm 6 mm + 5 cm 2 mm = ☐12☐ cm ☐8☐ mm

⭐ 두 색 테이프를 겹치지 않게 이어 붙이면 ☐ cm ☐ mm입니다.

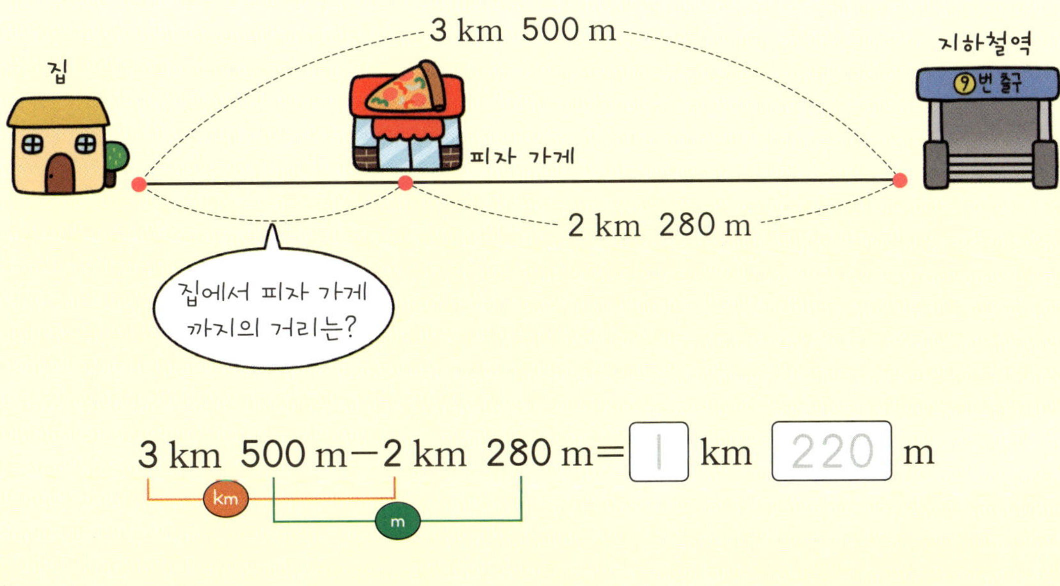

3 km 500 m − 2 km 280 m = ☐1☐ km ☐220☐ m

⭐ 집에서 피자 가게까지의 거리는 ☐ km ☐ m입니다.

🐾 계산해 보세요.

❶ 5 cm 4 mm+6 cm 3 mm= ☐11☐ cm ☐7☐ mm

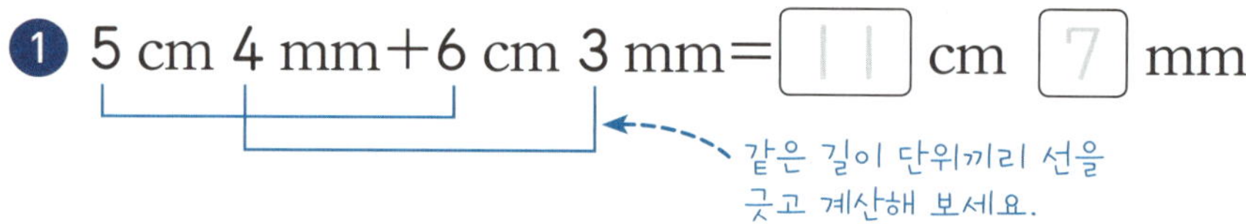

❷ 13 cm 5 mm+9 cm 4 mm= ☐ cm ☐ mm

❸ 3 m 80 cm+7 m 10 cm= ☐ m ☐ cm

❹ 17 m 16 cm+23 m 15 cm= ☐ m ☐ cm

❺ 9 cm 7 mm−3 cm 2 mm= ☐ cm ☐ mm

❻ 16 cm 8 mm−7 cm 6 mm= ☐ cm ☐ mm

❼ 21 m 30 cm−14 m 20 cm= ☐ m ☐ cm

❽ 18 m 25 cm−18 cm= ☐ m ☐ cm

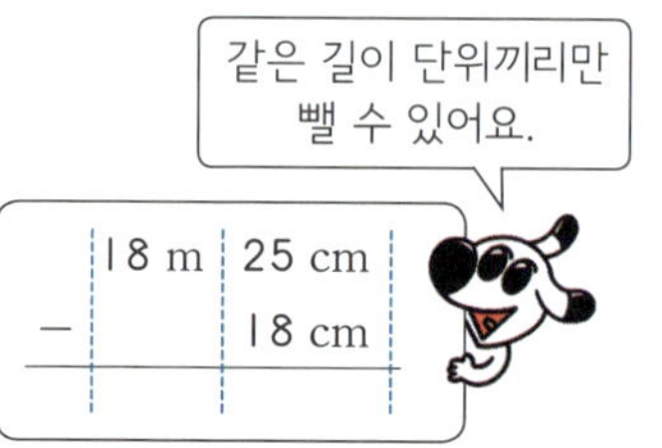

 가로셈도 작은 길이 단위부터 계산하는 습관을 들이는 게 좋아요.

🐾 계산해 보세요.

1 2 km 300 m + 5 km 400 m = ☐ km ☐ m

같은 길이 단위끼리 선을 긋고 계산해 보세요.

2 7 km 230 m + 16 km 720 m = ☐ km ☐ m

3 15 km 530 m + 18 km 180 m = ☐ km ☐ m

4 29 km 480 m + 3 km 320 m = ☐ km ☐ m

5 6 km 900 m − 4 km 200 m = ☐ km ☐ m

6 13 km 750 m − 8 km 160 m = ☐ km ☐ m

7 24 km 540 m − 17 km 380 m = ☐ km ☐ m

앗! 실수

8 35 km 630 m − 30 km = ☐ km ☐ m

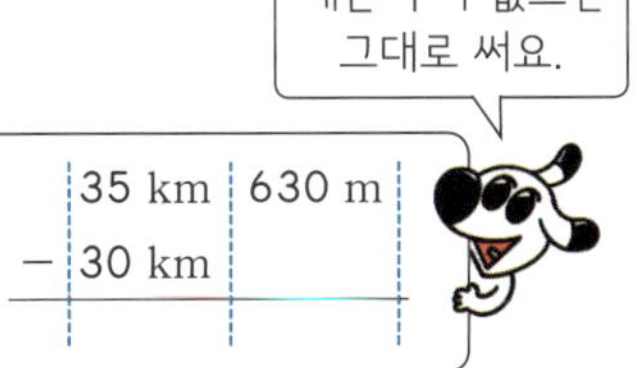

🐾 계산해 보세요.

1 18 cm 3 mm + 12 cm 6 mm = ☐ cm ☐ mm

2 8 km 600 m + 15 km 200 m = ☐ km ☐ m

3 34 m 40 cm + 7 m 30 cm = ☐ m ☐ cm

4 21 km 250 m + 28 km 700 m = ☐ km ☐ m

5 16 cm 9 mm − 8 cm 5 mm = ☐ cm ☐ mm

6 24 km 830 m − 3 km 240 m = ☐ km ☐ m

7 43 m 38 cm − 25 m 19 cm = ☐ m ☐ cm

8 37 km 610 m − 19 km 430 m = ☐ km ☐ m

야호! 게임처럼 즐기는 연산 놀이터

다양한 유형 문제로 즐겁게 마무리해요!

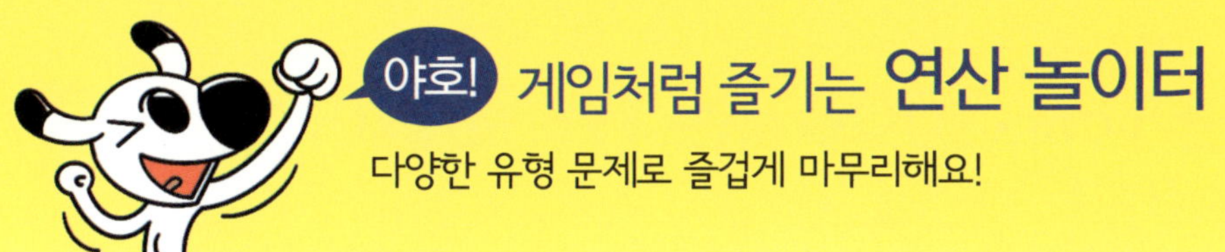

여러 가지 길이의 색 테이프가 있습니다. ?의 길이를 각각 구하세요.

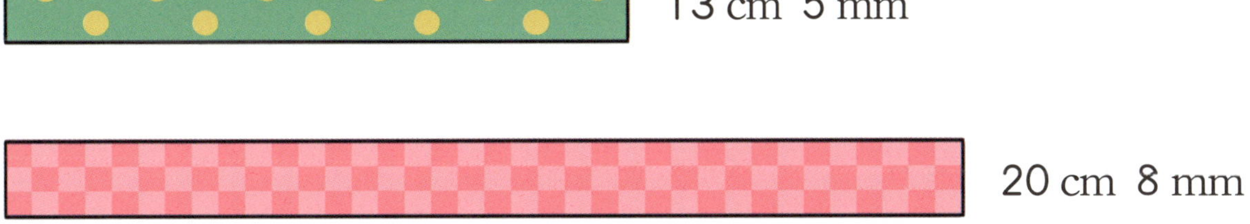

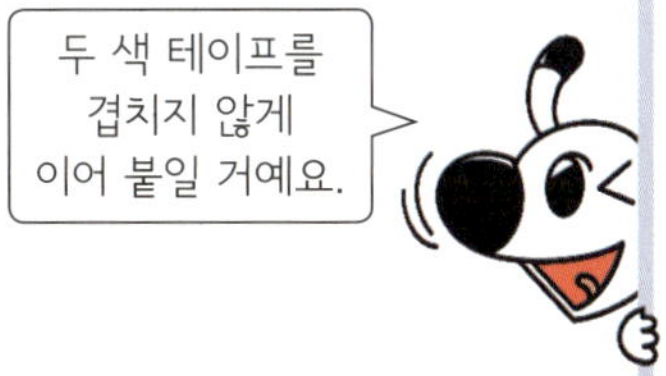

1

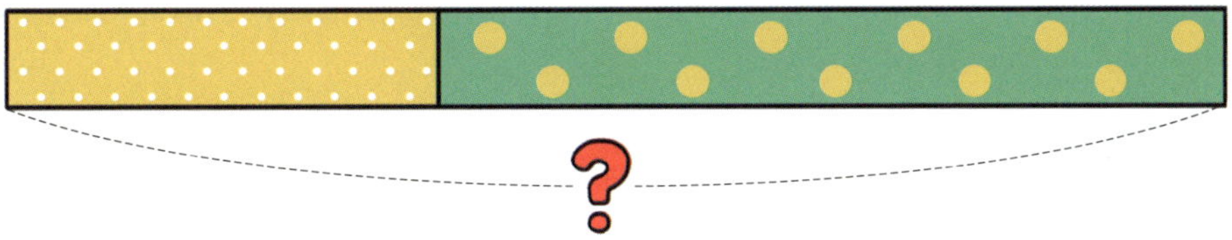

(cm mm)

2

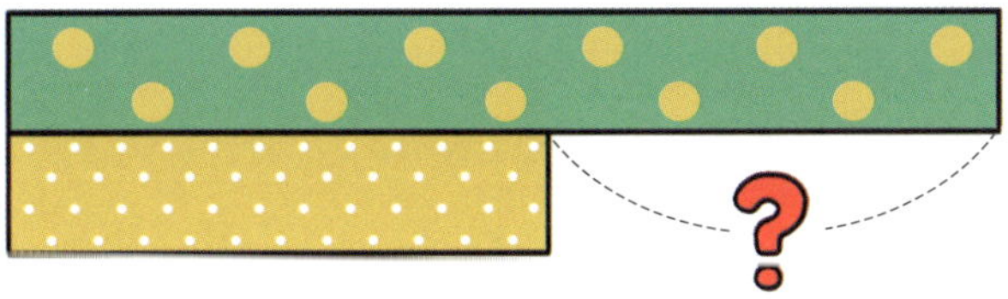

( )

3

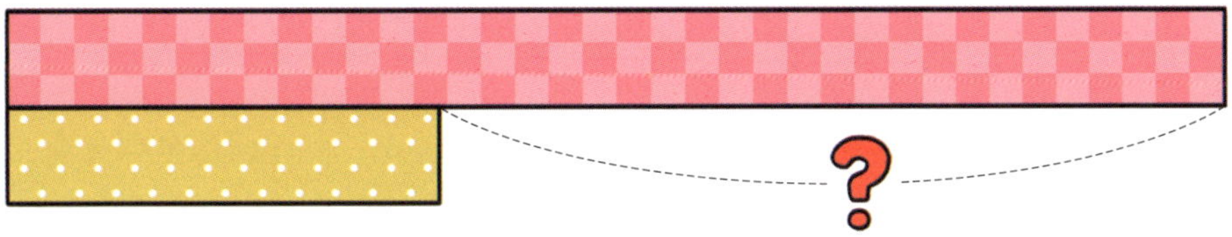

( )

05 10 mm는 1 cm, 1000 m는 1 km로 받아올림해요

받아올림이 있는 길이의 합

받아올림이 있는 길이의 합을 알아보세요.

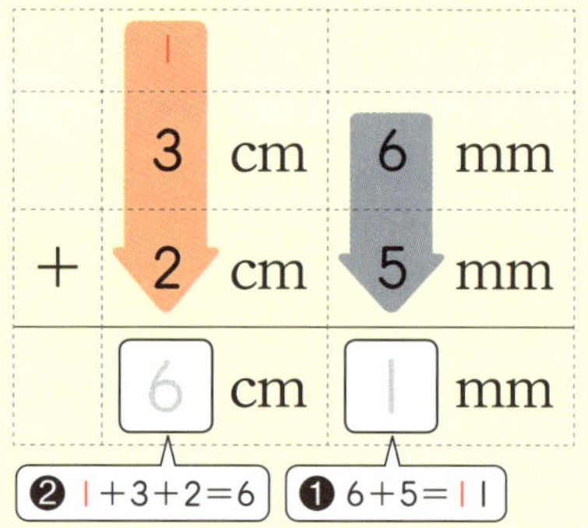

⭐ mm → cm 순서로 같은 길이 단위끼리 더합니다.

⭐ mm끼리의 합이 10이거나 10보다 크면 10 mm를 ☐ cm로
받아올림하여 계산합니다.

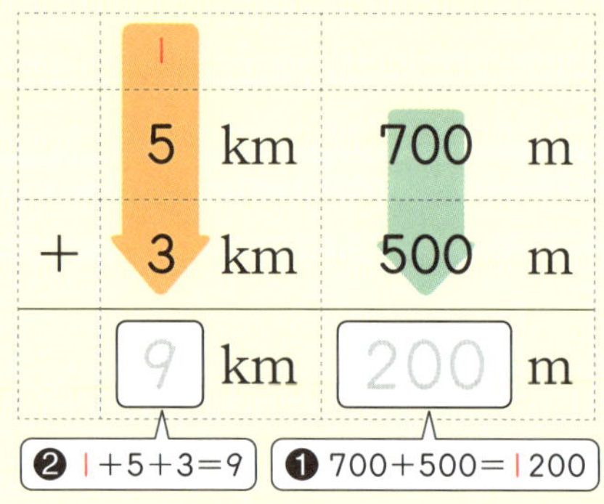

⭐ m → km 순서로 같은 길이 단위끼리 더합니다.

⭐ m끼리의 합이 1000이거나 1000보다 크면 1000 m를 ☐ km로
받아올림하여 계산합니다.

잠깐! 퀴즈

10 mm는 (1 cm , 1 m)로 받아올림하고, 1000 m는 (1 cm , 1 km)로 받아올림
합니다.

정답 1 cm, 1 km

 mm끼리의 합이 10이거나 10보다 크면 10 mm=1 cm이므로
받아올림하는 1 cm의 1을 cm 단위 수 위에 작게 쓰고 계산해요.

🐾 계산해 보세요.

1
```
    3 cm   7 mm
+   1 cm   6 mm
─────────────────
    5 cm   3 mm
```

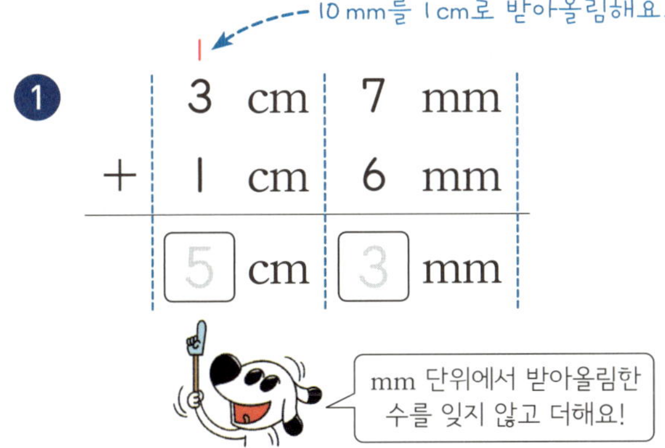

2
```
    6 cm   5 mm
+   2 cm   9 mm
─────────────────
    □ cm   □ mm
```

3
```
    2 cm   4 mm
+   4 cm   7 mm
─────────────────
    □ cm   □ mm
```

4
```
    7 cm   8 mm
+   3 cm   3 mm
─────────────────
    □ cm   □ mm
```

5
```
    5 cm   2 mm
+   6 cm   9 mm
─────────────────
    □ cm   □ mm
```

6
```
    9 cm   6 mm
+   8 cm   7 mm
─────────────────
    □ cm   □ mm
```

7
```
   15 cm   4 mm
+   5 cm   6 mm
─────────────────
    □ cm   □ mm
```


8
```
   25 cm   9 mm
+   4 cm   6 mm
─────────────────
    □ cm   □ mm
```

 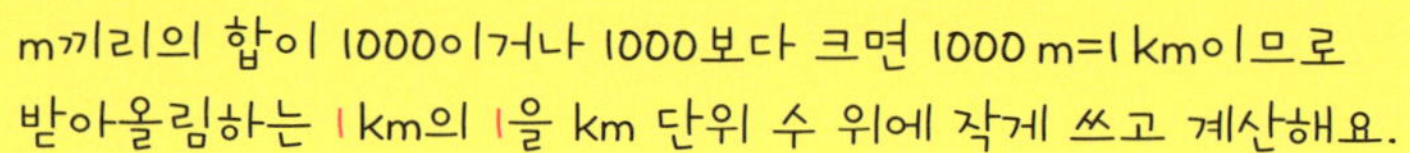

🐾 계산해 보세요.

①

	5 km	400 m
+	2 km	700 m
	8 km	100 m

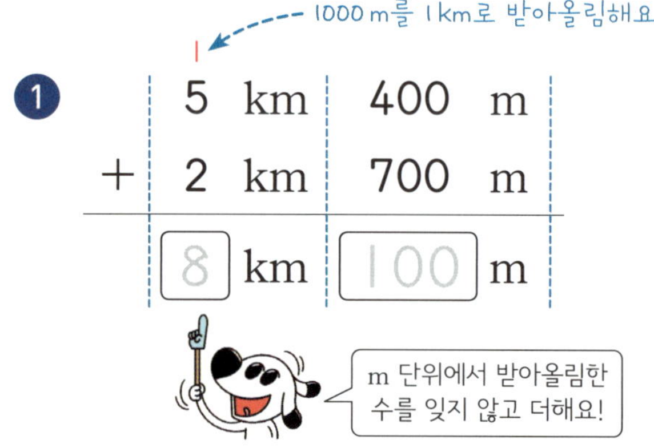

②

	3 km	700 m
+	4 km	800 m
	☐ km	☐ m

③

	2 km	500 m
+	1 km	900 m
	☐ km	☐ m

④

	6 km	900 m
+	5 km	300 m
	☐ km	☐ m

⑤

	7 km	810 m
+	6 km	870 m
	☐ km	☐ m

⑥

	10 km	920 m
+	4 km	540 m
	☐ km	☐ m

⑦

	9 km	410 m
+	3 km	590 m
	☐ km	☐ m

⑧

	6 km	650 m
+	12 km	830 m
	☐ km	☐ m

mm 단위에서 받아올림하여 더하는 수 1은 1cm를 나타내고,
m 단위에서 받아올림하여 더하는 수 1은 1km를 나타내요.

🐾 계산해 보세요.

1

```
    3 cm   6 mm
+   5 cm   7 mm
─────────────────
   [ ] cm   [ ] mm
```

2

```
    5 km   420 m
+   2 km   750 m
─────────────────
   [ ] km   [    ] m
```

3

```
    6 cm   8 mm
+   9 cm   6 mm
─────────────────
   [ ] cm   [ ] mm
```

4

```
   10 km   840 m
+   7 km   910 m
─────────────────
   [ ] km   [    ] m
```

5

```
   11 cm   9 mm
+  14 cm   3 mm
─────────────────
   [ ] cm   [ ] mm
```

6

```
    8 km   380 m
+  16 km   830 m
─────────────────
   [ ] km   [    ] m
```

7

```
   15 cm   6 mm
+  24 cm   9 mm
─────────────────
   [ ] cm   [ ] mm
```

8

```
   27 km   690 m
+  32 km   870 m
─────────────────
   [ ] km   [    ] m
```

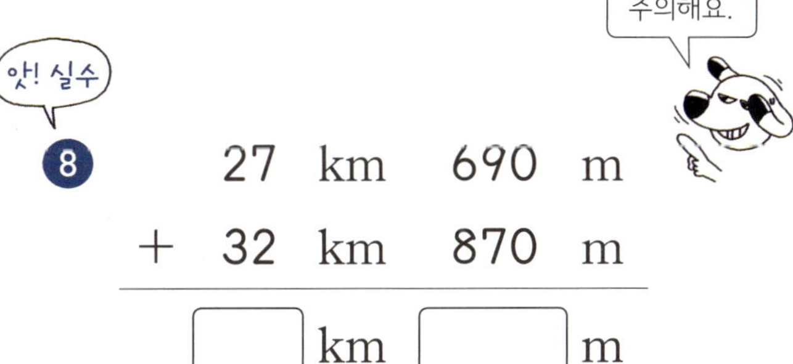

우리나라의 산의 높이를 나타낸 것입니다. ☐ 안에 알맞은 수나 말을 써넣으세요.

지리산

I km 9 I 5 m

한라산

I km 950 m

설악산

I km 708 m

1 가장 높은 산은 ☐ 이고, 가장 낮은 산은 ☐ 이에요.

2 지리산과 한라산의 높이의 합은 ☐ km ☐ m예요.

3 지리산과 설악산의 높이의 합은 ☐ km ☐ m예요.

4 한라산과 설악산의 높이의 합은 ☐ km ☐ m예요.

06 1 cm는 10 mm, 1 km는 1000 m로 받아내림해요

받아내림이 있는 길이의 차

받아내림이 있는 길이의 차를 알아보세요.

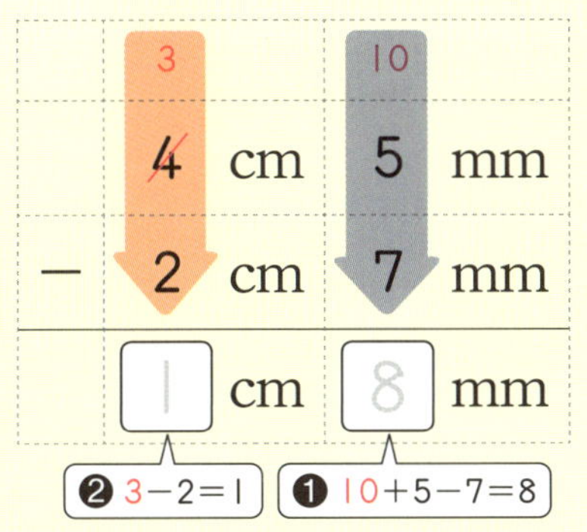

⭐ mm → cm 순서로 같은 길이 단위끼리 뺍니다.

⭐ mm끼리 뺄 수 없으면 1 cm를 10 mm로 받아내림하여 계산합니다.

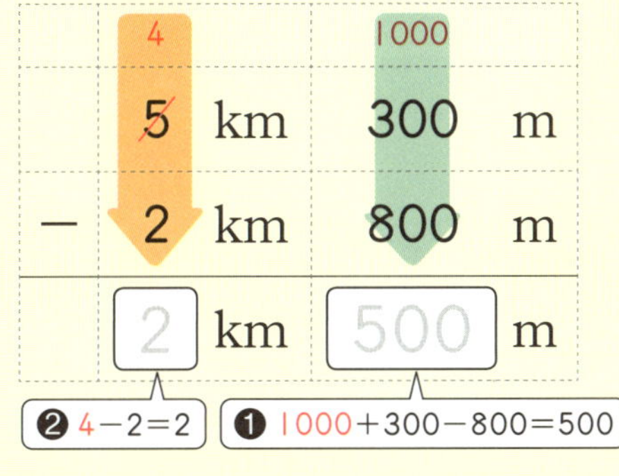

⭐ m → km 순서로 같은 길이 단위끼리 뺍니다.

⭐ m끼리 뺄 수 없으면 1 km를 1000 m로 받아내림하여 계산합니다.

잠깐! 퀴즈

1 cm는 (10 mm , 100 mm)로 받아내림하고, 1 km는 (100 m , 1000 m)로 받아내림합니다.

정답: 10 mm, 1000 m

🐾 계산해 보세요.

1cm를 10mm로 받아내림해요.

1

	2		10	
	3̶ cm		4 mm
−	1 cm		6 mm
	1 cm		8 mm

2

	7 cm	3 mm
−	5 cm	7 mm
	☐ cm	☐ mm

3

	10 cm	2 mm
−	5 cm	3 mm
	☐ cm	☐ mm

4

	11 cm	6 mm
−	8 cm	9 mm
	☐ cm	☐ mm

5

	14 cm	3 mm
−	6 cm	8 mm
	☐ cm	☐ mm

6

	15 cm	2 mm
−	12 cm	5 mm
	☐ cm	☐ mm

7

	21 cm	6 mm
−	9 cm	7 mm
	☐ cm	☐ mm

8

	24 cm	1 mm
−	17 cm	6 mm
	☐ cm	☐ mm

m끼리 뺄 수 없으면 1km=1000m이므로 km 단위 수를 1만큼 줄이고
받아내림하는 1000m의 1000을 m 단위 수 위에 작게 쓰고 계산해요.

🐾 계산해 보세요.

1km를 1000m로 받아내림해요.

①
$$
\begin{array}{r}
\overset{3}{\cancel{4}} \text{ km } \quad \overset{1000}{400} \text{ m} \\
- \quad 2 \text{ km } \quad 500 \text{ m} \\
\hline
\boxed{1} \text{ km } \boxed{900} \text{ m}
\end{array}
$$

②
$$
\begin{array}{r}
5 \text{ km } \quad 300 \text{ m} \\
- \quad 3 \text{ km } \quad 700 \text{ m} \\
\hline
\boxed{} \text{ km } \boxed{} \text{ m}
\end{array}
$$

③
$$
\begin{array}{r}
7 \text{ km } \quad 150 \text{ m} \\
- \quad 5 \text{ km } \quad 200 \text{ m} \\
\hline
\boxed{} \text{ km } \boxed{} \text{ m}
\end{array}
$$

④
$$
\begin{array}{r}
8 \text{ km } \quad 250 \text{ m} \\
- \quad 4 \text{ km } \quad 630 \text{ m} \\
\hline
\boxed{} \text{ km } \boxed{} \text{ m}
\end{array}
$$

⑤
$$
\begin{array}{r}
10 \text{ km } \quad 560 \text{ m} \\
- \quad 6 \text{ km } \quad 850 \text{ m} \\
\hline
\boxed{} \text{ km } \boxed{} \text{ m}
\end{array}
$$

⑥
$$
\begin{array}{r}
13 \text{ km } \quad 470 \text{ m} \\
- \quad 9 \text{ km } \quad 840 \text{ m} \\
\hline
\boxed{} \text{ km } \boxed{} \text{ m}
\end{array}
$$

⑦
$$
\begin{array}{r}
11 \text{ km } \quad 190 \text{ m} \\
- \quad 4 \text{ km } \quad 260 \text{ m} \\
\hline
\boxed{} \text{ km } \boxed{} \text{ m}
\end{array}
$$

⑧
$$
\begin{array}{r}
12 \text{ km } \quad 310 \text{ m} \\
- \quad 10 \text{ km } \quad 750 \text{ m} \\
\hline
\boxed{} \text{ km } \boxed{} \text{ m}
\end{array}
$$

앗! 실수

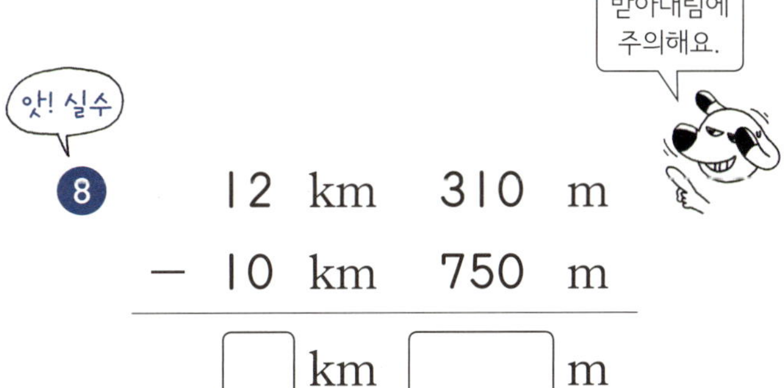

✿ 계산해 보세요.

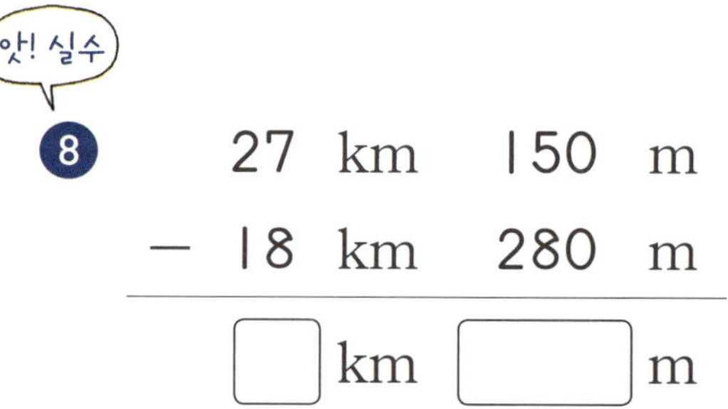

①

18 cm 2 mm
− 4 cm 7 mm
= ☐ cm ☐ mm

②

15 km 300 m
− 2 km 800 m
= ☐ km ☐ m

③

11 cm 7 mm
− 6 cm 9 mm
= ☐ cm ☐ mm

④

17 km 130 m
− 14 km 520 m
= ☐ km ☐ m

⑤

20 cm 6 mm
− 12 cm 8 mm
= ☐ cm ☐ mm

⑥

23 km 480 m
− 13 km 750 m
= ☐ km ☐ m

⑦

24 cm 3 mm
− 19 cm 6 mm
= ☐ cm ☐ mm

⑧

27 km 150 m
− 18 km 280 m
= ☐ km ☐ m

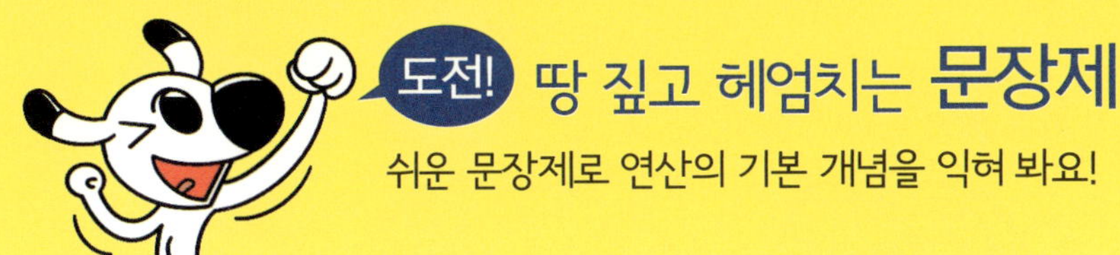

🐾 서울에서 대전까지의 거리를 어림하여 나타낸 것입니다. 그림을 보고 ☐ 안에 알맞은 수를 써넣으세요.

1 서울에서 대전을 지나 부산까지의 거리가 413 km 200 m일 때, 대전에서 부산까지의 거리는 ☐ km ☐ m예요.

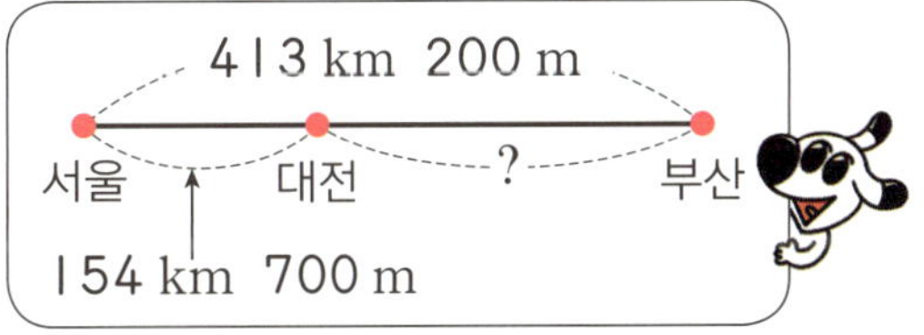

2 서울에서 대전을 지나 광주까지의 거리가 323 km 300 m일 때, 대전에서 광주까지의 거리는 ☐ km ☐ m예요.

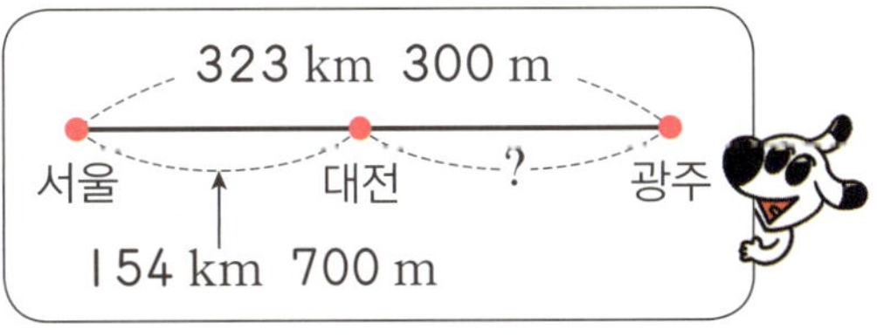

3 대전에서 부산까지의 거리는 대전에서 광주까지의 거리보다 ☐ km ☐ m 더 멀어요.

둘째 마당
시간 계산
빠독이를 따라
이상한 시간 나라를
탈출해 보아요.

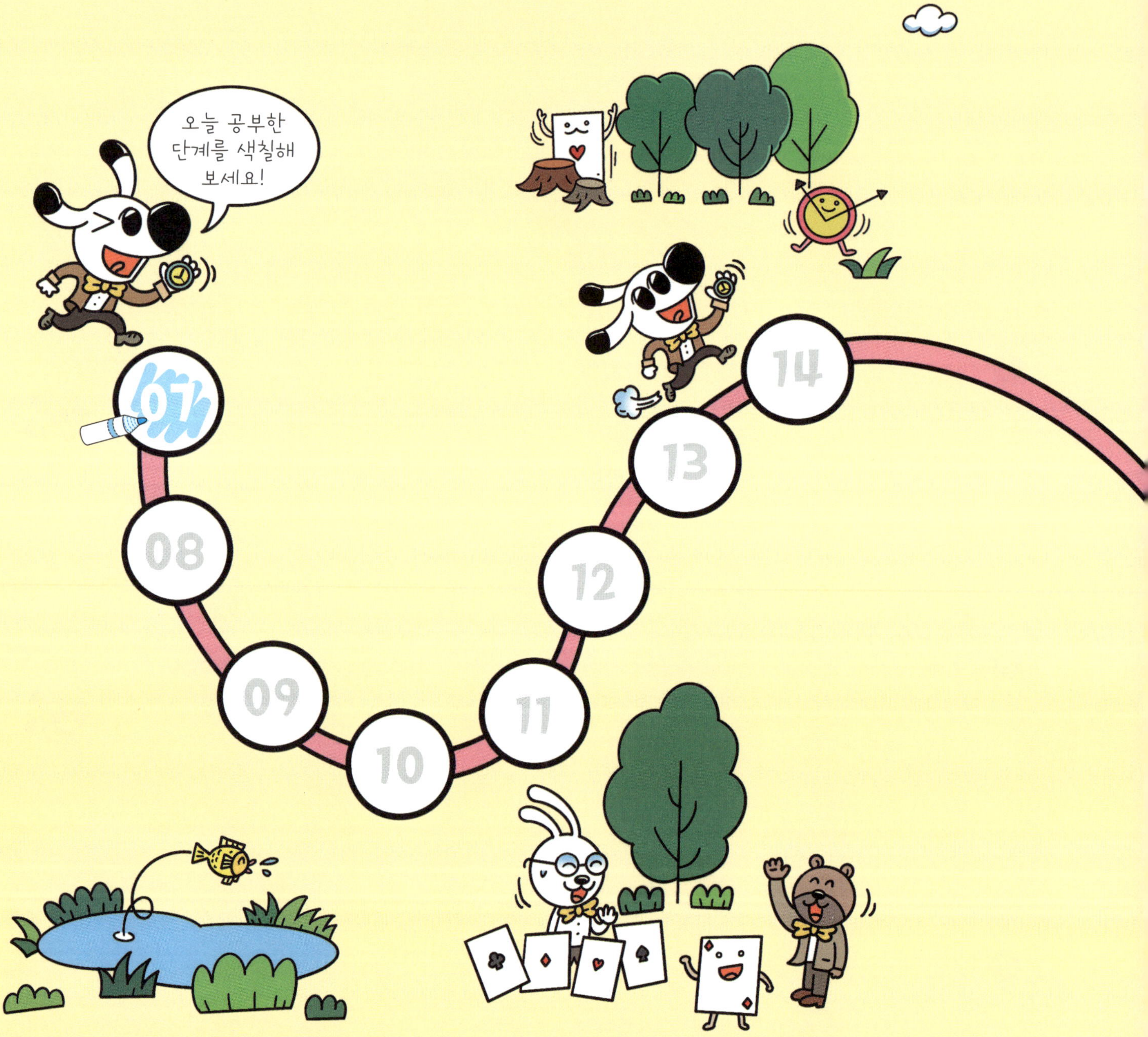

오늘 공부한
단계를 색칠해
보세요!

07 시, 분, 초 순서로 시각을 읽어요

몇 시 몇 분 몇 초 시계 읽기

🐾 초 단위까지 시각을 읽는 법을 알아보세요.

⭐ 초바늘이 작은 눈금 한 칸을 지나는 데 걸리는 시간은 ☐1 초입니다.

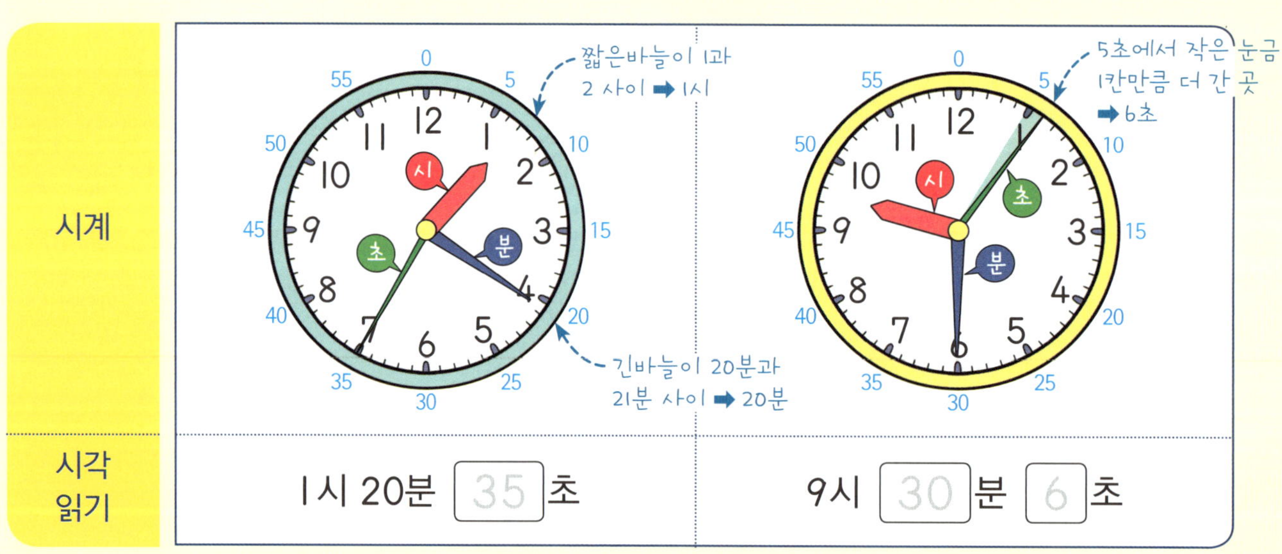

⭐ 시각을 읽을 때에는 시 → ☐분 → ☐초 단위의 순서로 읽습니다.

잠깐! 퀴즈

초바늘이 2에서 작은 눈금 3칸만큼 더 간 곳을 가리키면 (5초 , 13초)를 나타냅니다.

정답 13초

44

시계의 초바늘이 가리키는 숫자가 1씩 커질 때마다 5초씩 커져요.

숫자	1	2	3	4	5	6	7	8	9	10	11	12
초	5	10	15	20	25	30	35	40	45	50	55	0

+5 +5 +5 +5 +5 +5 +5 +5 +5 +5

🐾 시계를 보고 시각을 읽어 보세요.

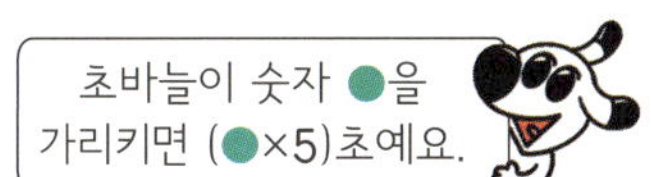

1

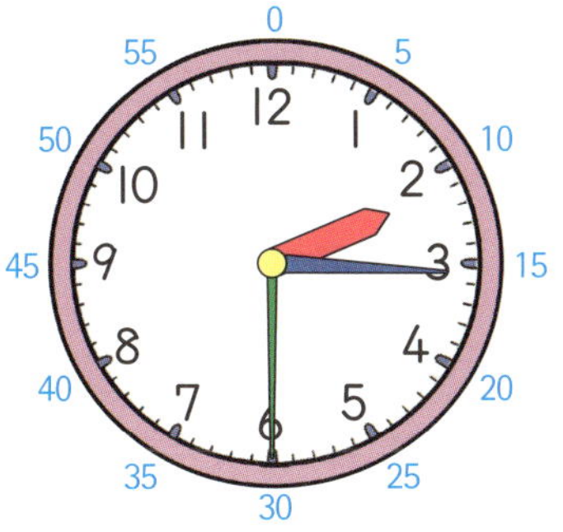

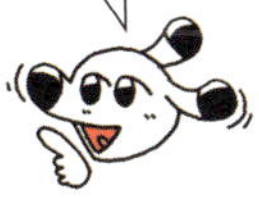

2시 15분 [30] 초

2

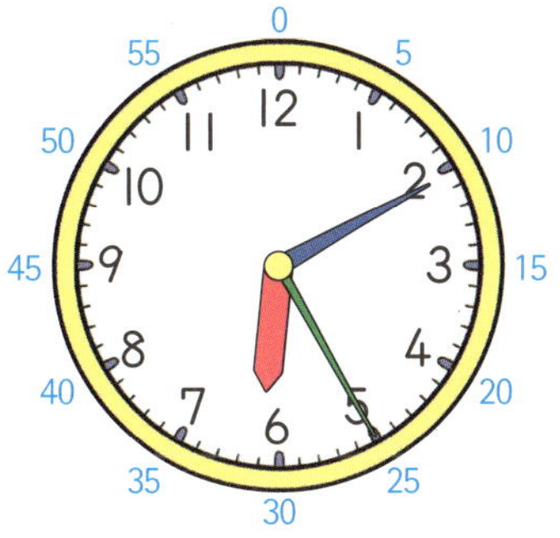

6시 [ ] 분 [ ] 초

3

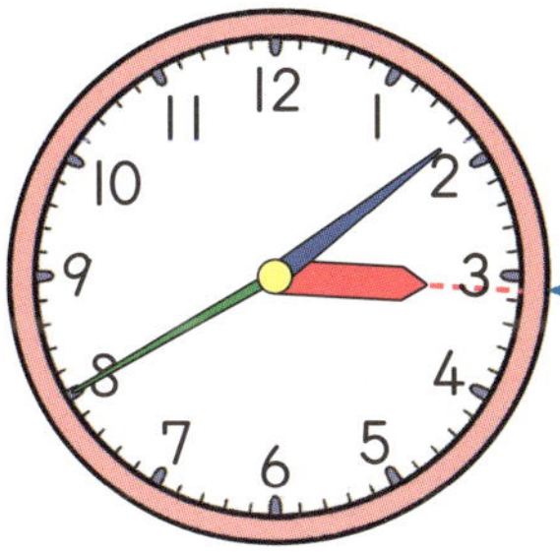

[3] 시 8분 [ ] 초

4

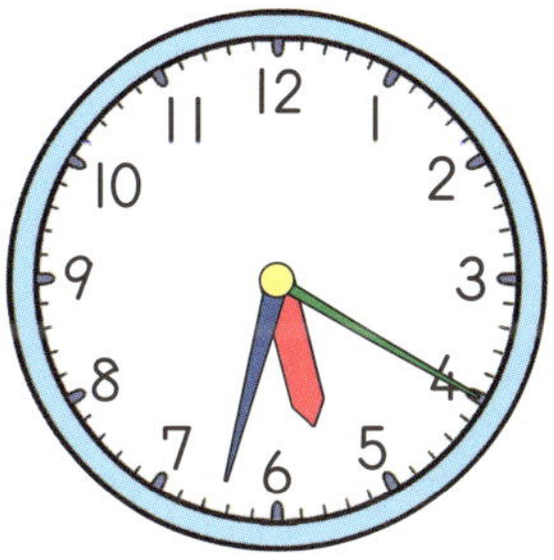

[ ] 시 [ ] 분 [ ] 초

5

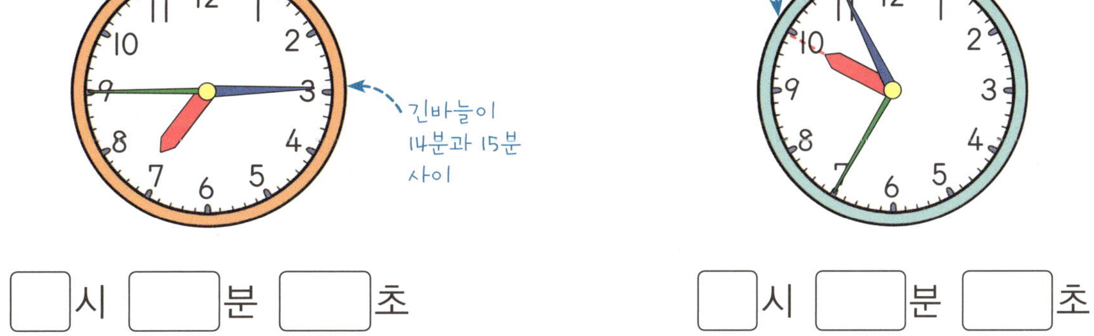

[ ] 시 [ ] 분 [ ] 초

6

[ ] 시 [ ] 분 [ ] 초

 초바늘이 가리키는 숫자가 1이면 5초이고, 1에서 작은 눈금 2칸만큼 더 가면 7초예요.
이처럼 초바늘을 읽을 때는 초바늘이 지나온 가장 가까운 숫자에서
작은 눈금 몇 칸만큼 더 갔는지 세면 돼요.

🐾 시계를 보고 시각을 읽어 보세요.

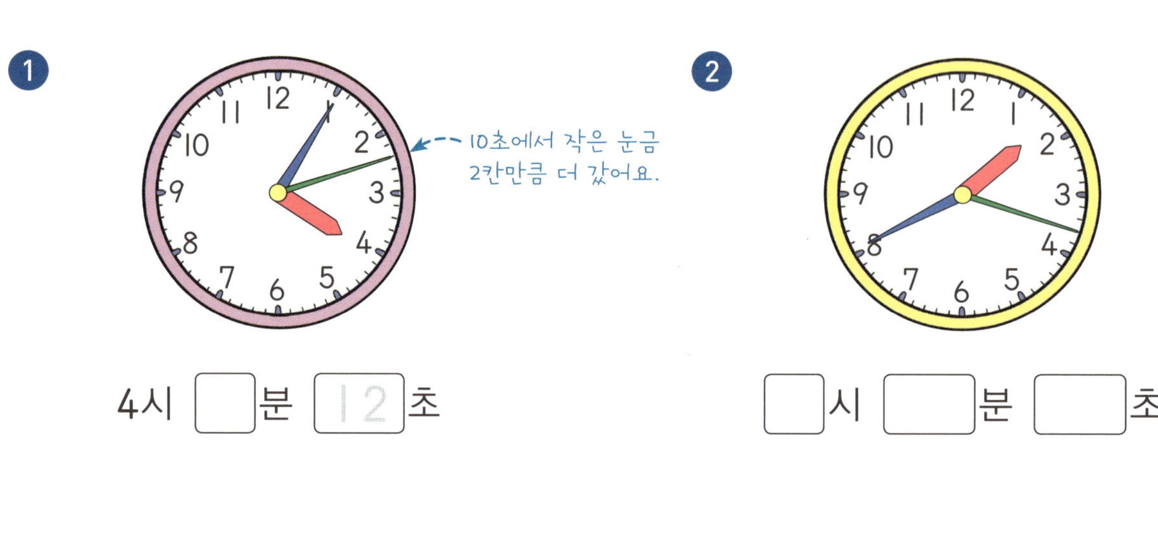

1   4시 ☐ 분 12 초

2   ☐ 시 ☐ 분 ☐ 초

3   ☐ 시 ☐ 분 ☐ 초

4   ☐ 시 ☐ 분 ☐ 초

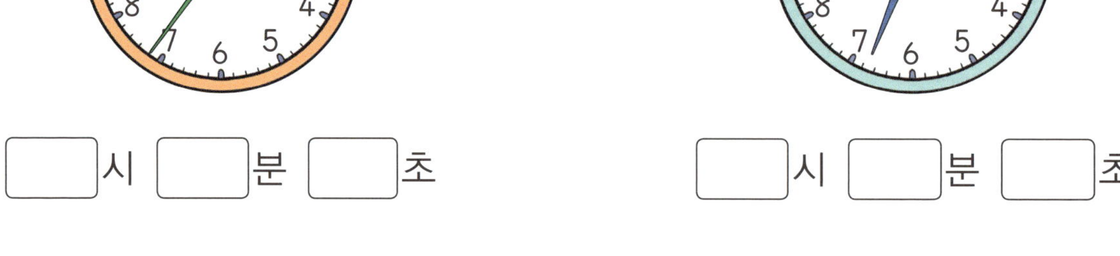

5   ☐ 시 ☐ 분 ☐ 초

6   ☐ 시 ☐ 분 ☐ 초

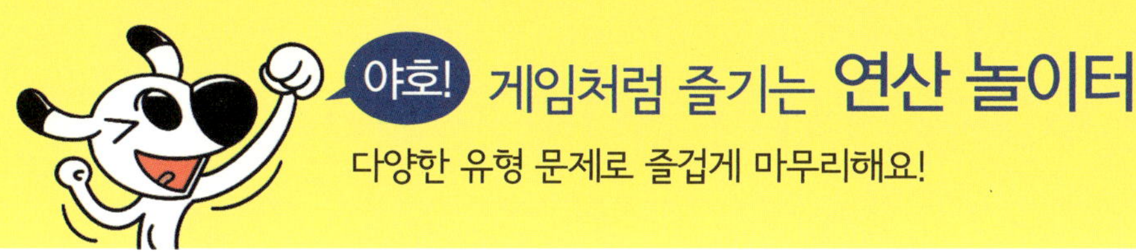

🐾 고장난 시계를 모두 찾아 ◯표 하고 ☐ 안에 알맞은 수를 써넣으세요.

4시 15분 30초	1시 40분 25초	2시 55분 45초
1시 30분 20초	10시 8분 55초	5시 20분 39초
9시 10분 34초	3시 32분 47초	

고장난 시계는

모두 ☐개예요.

1시간은 60분, 1시간 30분은 90분이에요
시간과 분 사이의 관계

🐾 시계를 보고 1시간과 1시간 30분은 각각 몇 분인지 알아보세요.

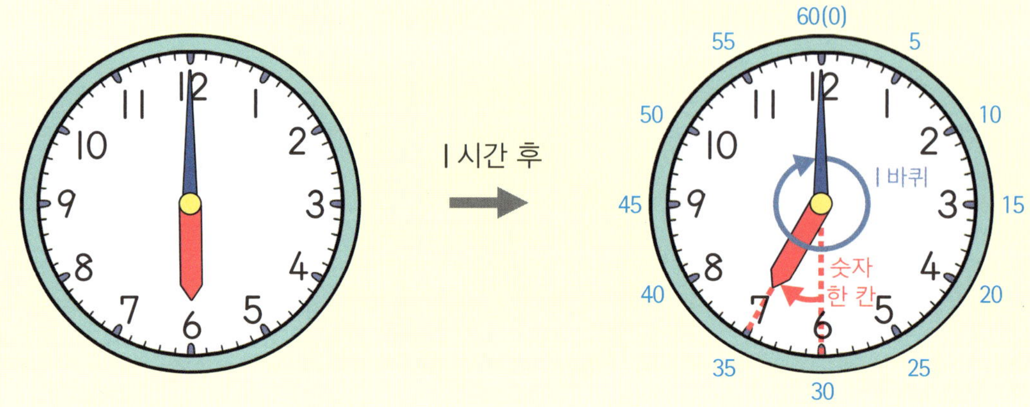

⭐ 긴바늘이 시계를 한 바퀴 도는 데 걸리는 시간은 60 분입니다.

⭐ 긴바늘이 시계를 한 바퀴 도는 동안 짧은바늘은 숫자 눈금 1 칸을 움직입니다.

⭐ 짧은바늘이 6에서 7로 움직이는 데 걸리는 시간은 1 시간입니다.

⭐ 1시간은 60 분입니다.

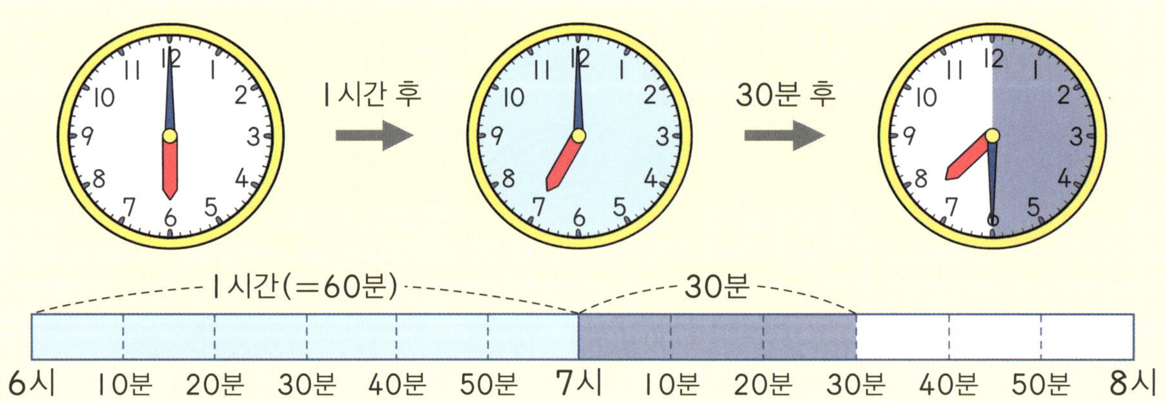

⭐ 1시간 30분 = 1시간 + 30분 = 60 분 + 30분이므로 □ 분입니다.

1시간은 60분이므로 1시간씩 커질수록 60분씩 커져요.
6의 단 곱셈구구(구구단)를 이용하면 편리해요.
60×2=120, 60×3=180, 60×4=240, 60×5=300

🐾 ☐ 안에 알맞은 수를 써넣으세요.

❶ 1시간 = 60 분

❷ 2시간 = ☐ 분
↳ 1시간+1시간=60분+60분

❸ 3시간 = ☐ 분
↳ 1시간+1시간+1시간=60분+60분+60분

❹ 5시간 = ☐ 분

❺ 7시간 = ☐ 분

❻ 8시간 = ☐ 분

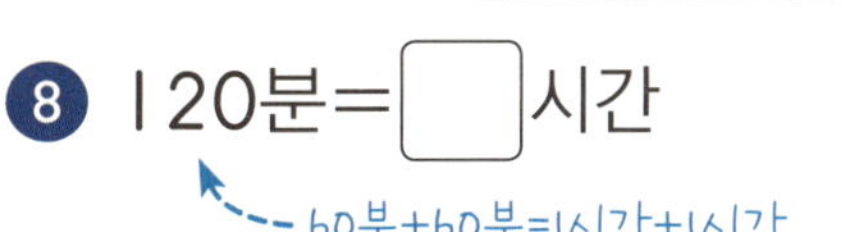

❼ 60분 = 1 시간

❽ 120분 = ☐ 시간
↳ 60분+60분=1시간+1시간

❾ 240분 = ☐ 시간

❿ 360분 = ☐ 시간

⓫ 420분 = ☐ 시간

⓬ 540분 = ☐ 시간

🐾 ⬜ 안에 알맞은 수를 써넣으세요.

① 1시간 10분 = ⬜ 시간 + 10분

          = 60 분 + 10분

          = ⬜ 분

② 1시간 35분 = ⬜ 시간 + 35분

          = ⬜ 분 + 35분

          = ⬜ 분

③ 1시간 50분 = ⬜ 분

④ 2시간 15분 = ⬜ 분

⑤ 2시간 35분 = ⬜ 분

⑥ 2시간 40분 = ⬜ 분

⑦ 3시간 5분 = ⬜ 분

⑧ 3시간 20분 = ⬜ 분

⑨ 3시간 45분 = ⬜ 분

⑩ 4시간 15분 = ⬜ 분

⑪ 4시간 55분 = ⬜ 분

⑫ 5시간 10분 = ⬜ 분

70분은 60분보다 10분 더 걸린 시간이므로 1시간 10분이에요.
125분은 120분보다 5분 더 걸린 시간이므로 2시간 5분이에요.

🐾 ☐ 안에 알맞은 수를 써넣으세요.

❶ 65분 = ☐60 분 + 5분

     60 5

    = ☐1 시간 + 5분

    = ☐ 시간 ☐ 분

❷ 80분 = ☐ 분 + 20분

     60 20

    = ☐ 시간 + ☐ 분

    = ☐ 시간 ☐ 분

❸ 100분 = ☐ 시간 ☐ 분

❹ 125분 = ☐ 시간 ☐ 분

     120 5

❺ 130분 = ☐ 시간 ☐ 분

❻ 150분 = ☐ 시간 ☐ 분

❼ 175분 = ☐ 시간 ☐ 분

❽ 200분 = ☐ 시간 ☐ 분

❾ 230분 = ☐ 시간 ☐ 분

❿ 245분 = ☐ 시간 ☐ 분

⓫ 280분 = ☐ 시간 ☐ 분

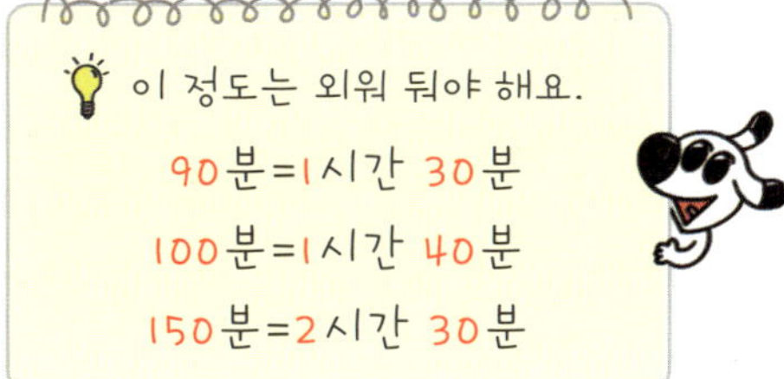

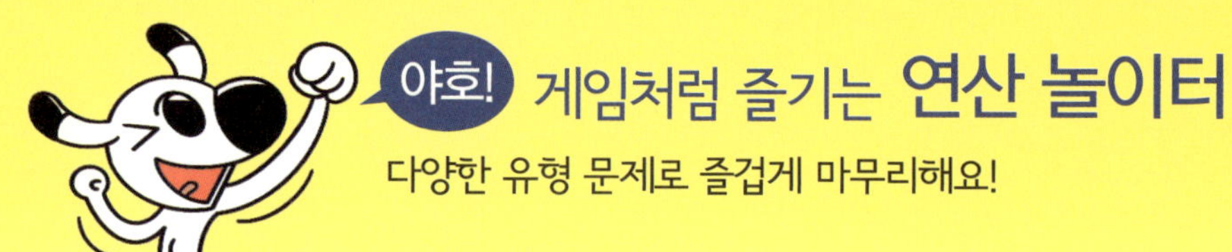

야호! 게임처럼 즐기는 **연산 놀이터**

다양한 유형 문제로 즐겁게 마무리해요!

시간이 바르게 적힌 징검다리를 모두 찾아 ○표 하세요.

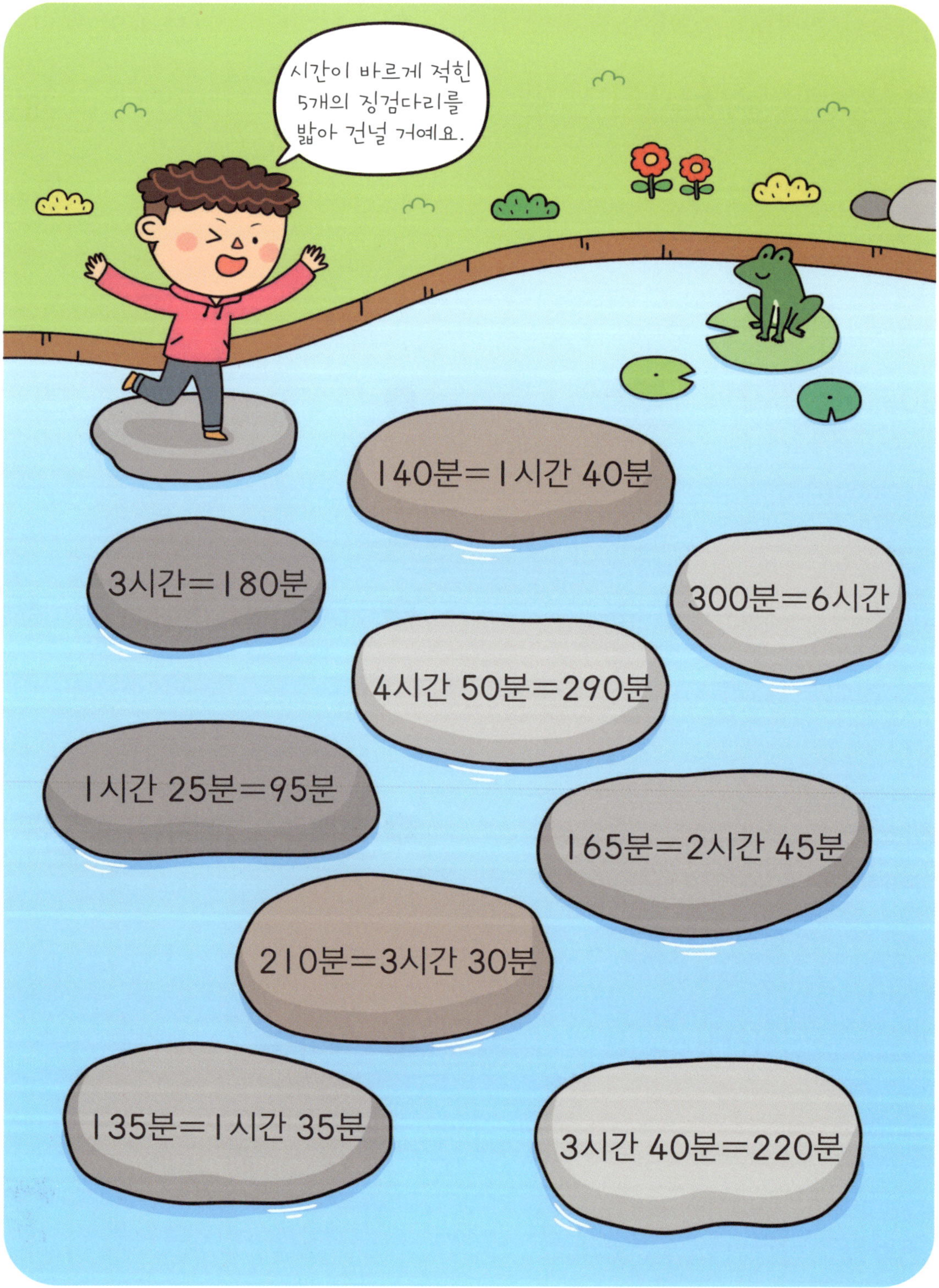

🐾 시계를 보고 1분과 1분 40초는 각각 몇 초인지 알아보세요.

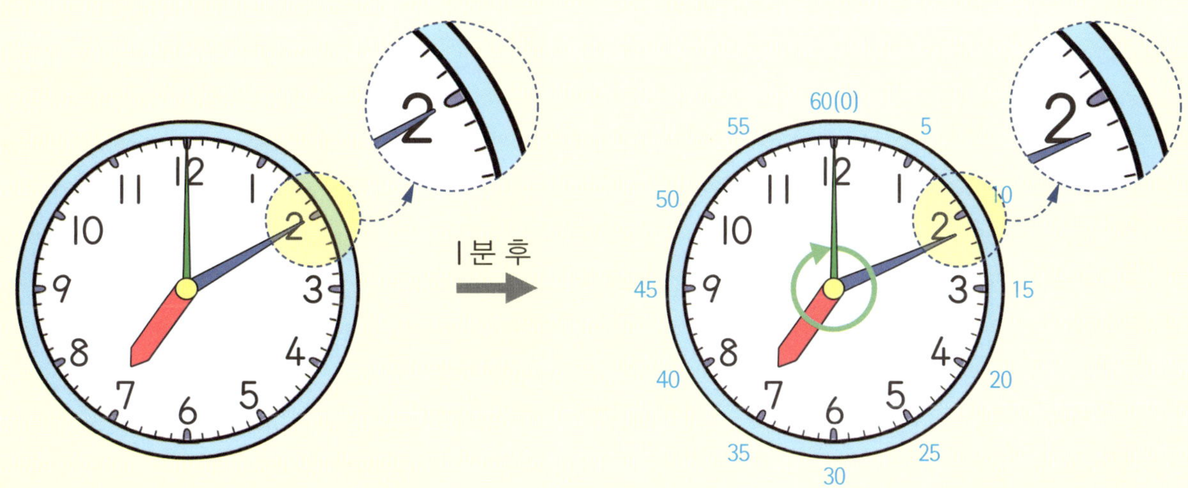

⭐ 초바늘이 시계를 한 바퀴 도는 데 걸리는 시간은 [60]초입니다.

⭐ 초바늘이 시계를 한 바퀴 도는 동안 긴바늘은 작은 눈금 [1]칸을 움직입니다.

⭐ 긴바늘이 작은 눈금 한 칸을 움직이는 데 걸리는 시간은 [1]분입니다.

⭐ 1분은 [60]초입니다.

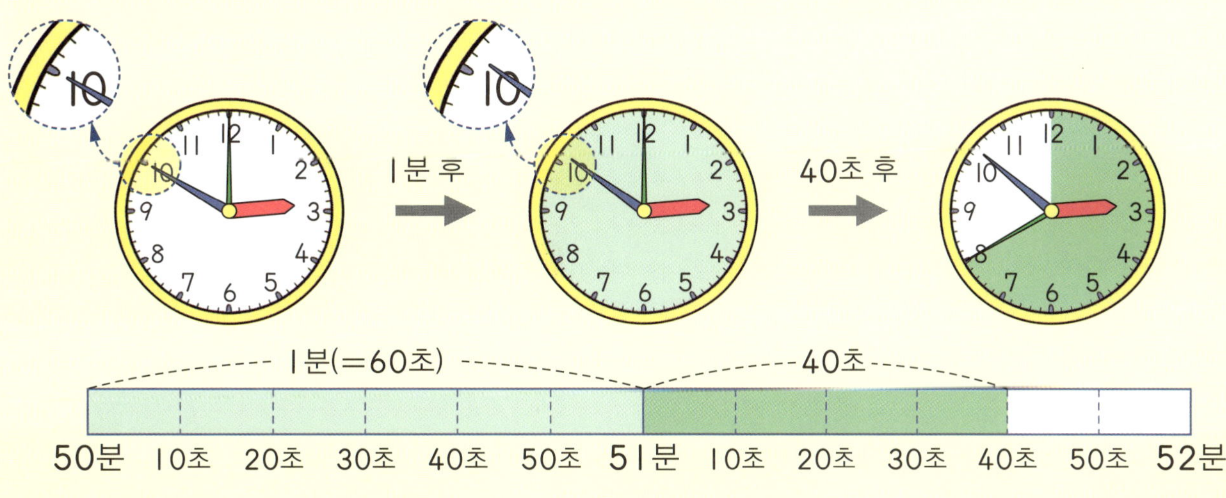

⭐ 1분 40초＝1분＋40초＝[60]초＋40초이므로 [　]초입니다.

★ ☐ 안에 알맞은 수를 써넣으세요.

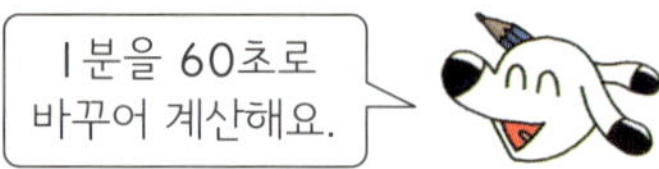

1 1분 = 60 초

2 2분 = ☐ 초

3 5분 = ☐ 초

4 7분 = ☐ 초

5 8분 = ☐ 초

6 9분 = ☐ 초

7 60초 = 1 분

8 180초 = ☐ 분

9 240초 = ☐ 분

10 360초 = ☐ 분

11 480초 = ☐ 분

12 600초 = ☐ 분

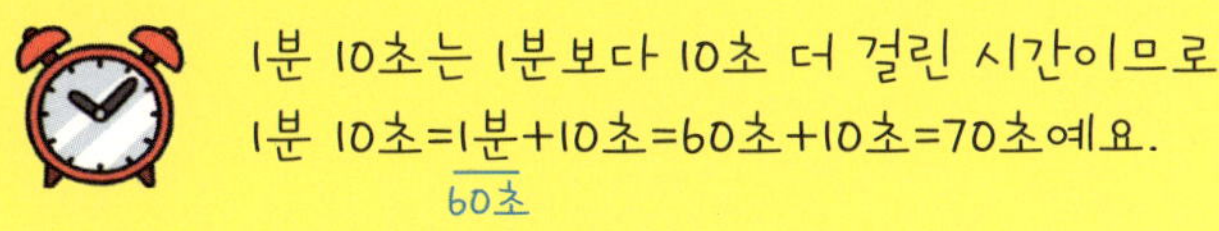

1분 10초는 1분보다 10초 더 걸린 시간이므로
1분 10초=1분+10초=60초+10초=70초예요.

🐾 ☐ 안에 알맞은 수를 써넣으세요.

① 1분 5초= ☐1☐ 분+5초

　　　　= ☐60☐ 초+5초

　　　　= ☐ 초

② 1분 20초= ☐ 분+20초

　　　　= ☐ 초+20초

　　　　= ☐ 초

③ 1분 45초= ☐ 초

④ 2분 20초= ☐ 초

1분+1분+20초
60초 60초

⑤ 2분 50초= ☐ 초

⑥ 3분 10초= ☐ 초

⑦ 3분 40초= ☐ 초

⑧ 4분 5초= ☐ 초

⑨ 4분 20초= ☐ 초

⑩ 5분 55초= ☐ 초

⑪ 6분 15초= ☐ 초

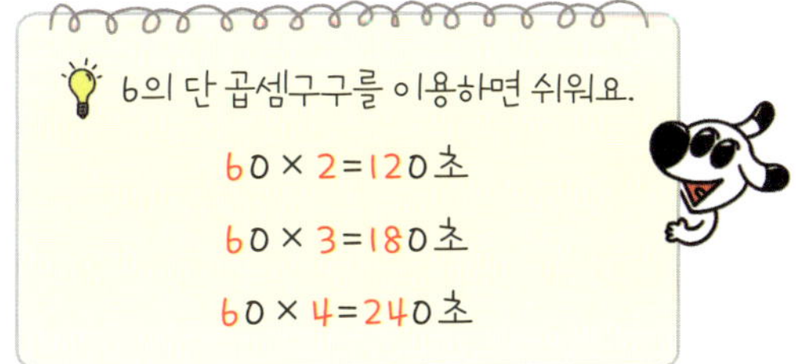

65초는 60초보다 5초 더 걸린 시간이므로
65초=60초+5초=1분+5초=1분 5초예요.
(60초 = 1분)

□ 안에 알맞은 수를 써넣으세요.

❶ 75초=[60]초+15초
(75 → 60, 15)
=[1]분+15초
=□분 □초

❷ 90초=□초+30초
(90 → 60, 30)
=□분+□초
=□분 □초

❸ 105초=□분 □초

❹ 130초=□분 □초
(130 → 120, 10)

❺ 170초=□분 □초

❻ 200초=□분 □초

❼ 230초=□분 □초

❽ 265초=□분 □초

❾ 305초=□분 □초

❿ 345초=□분 □초

⓫ 380초=□분 □초

⓬ 400초=□분 □초

야호! 게임처럼 즐기는 연산 놀이터

다양한 유형 문제로 즐겁게 마무리해요!

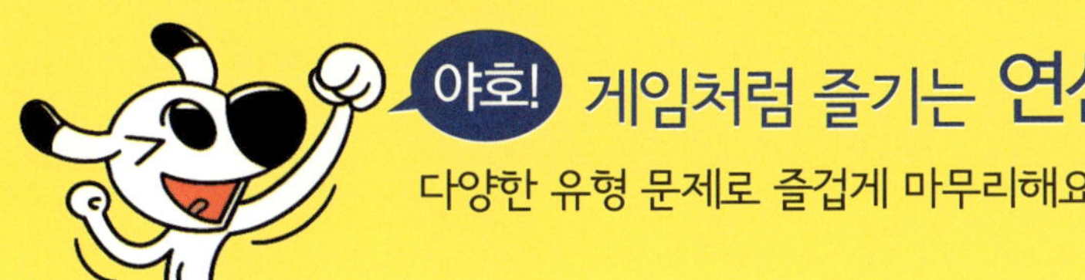

윤서와 친구들이 달리기를 했습니다. 결승점에 먼저 도착한 순서로 ☐ 안에 이름을 써넣으세요.

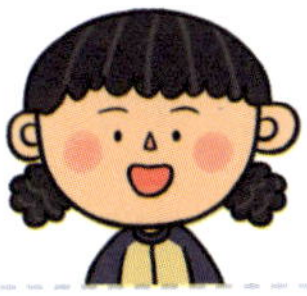

윤서는 4분 12초가 걸렸어요.

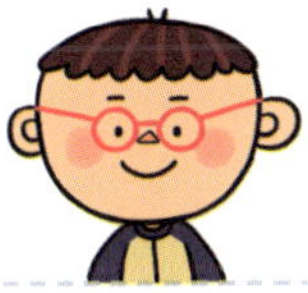

유준이는 232초가 걸렸어요.

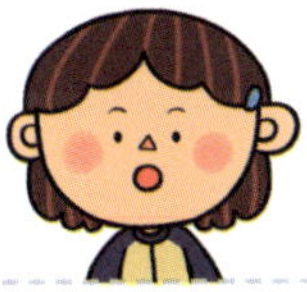

다은이는 266초 동안 달렸어요.

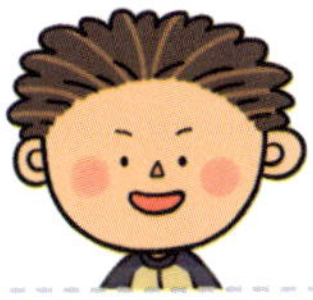

재인이의 기록은 4분 5초예요.

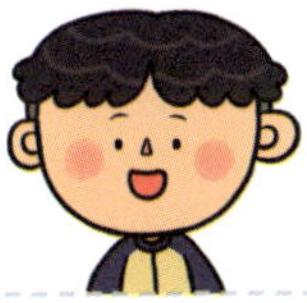

승민이의 기록은 271초예요.

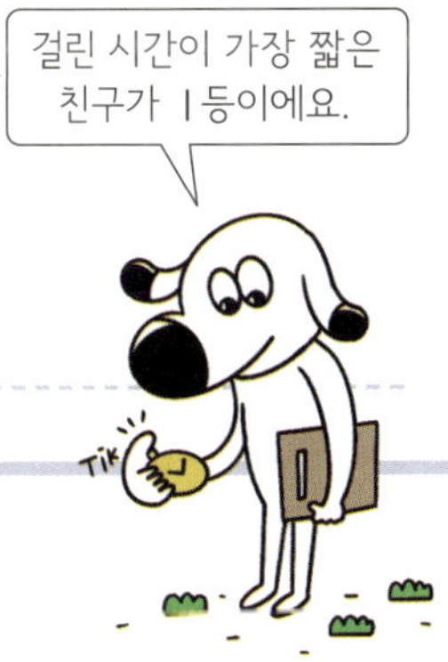

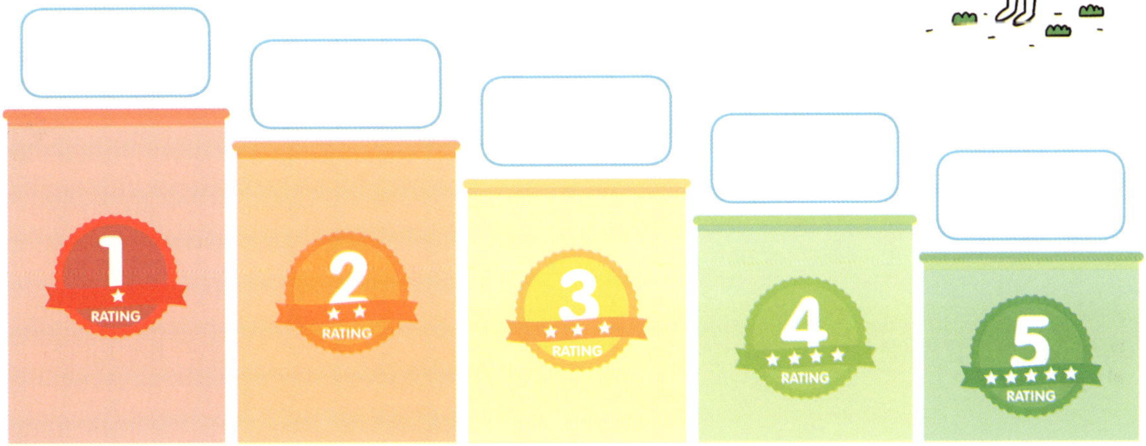

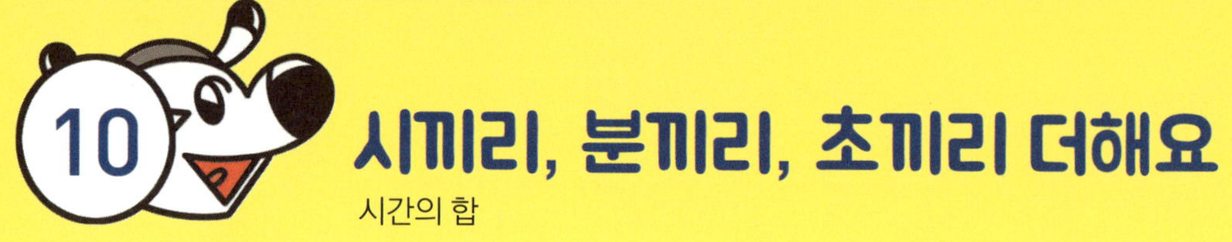

10 시끼리, 분끼리, 초끼리 더해요

시간의 합

🐾 시간의 합을 이용하여 몇 시간 후의 시각을 구해 보세요.

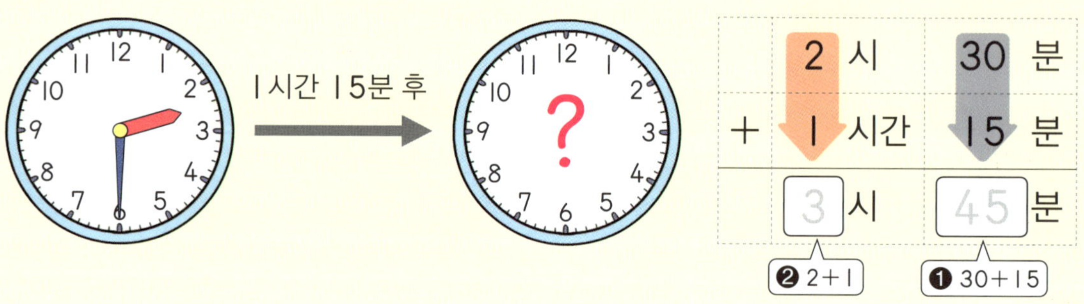

	2 시	30 분
+	1 시간	15 분
	3 시	45 분
	❷ 2+1	❶ 30+15

⭐ 2시 30분에서 1시간 15분 후의 시각은 ☐시 ☐분입니다.

	3 시	25 분	40 초
+	1 시간	5 분	10 초
	4 시	30 분	50 초
	❸ 3+1	❷ 25+5	❶ 40+10

⭐ 3시 25분 40초에서 1시간 5분 10초 후의 시각은 ☐시 ☐분 ☐초
입니다.

💡 시각과 시간의 차이를 복습해요.
- 시각: 시간의 어느 한 시점
- 시간: 어떤 시각부터 어떤 시각까지의 사이

잠깐! 퀴즈

시간의 합은 시는 (시 , 분)끼리, 분은 (분 , 초)끼리, 초는 (시 , 초)끼리 더합니다.

정답 시, 분, 초

 1시에서 2시간 후의 시각은
(시각)+(시간)=(시각)을 이용하여 구해요.
1시에 2시간을 더하면 3시예요.

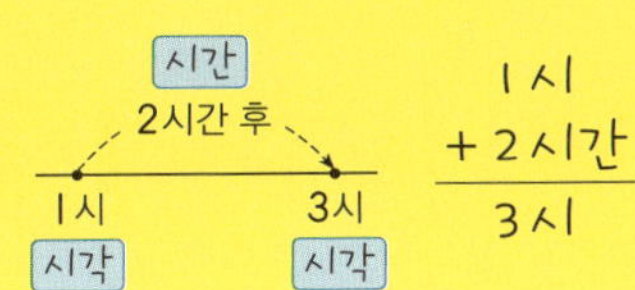

🐾 계산해 보세요.

초 → 분 순서로 같은
시간 단위끼리 더해요.

①

	②		①	
	1	분	20	초
+	1	분	30	초
	2	분	50	초

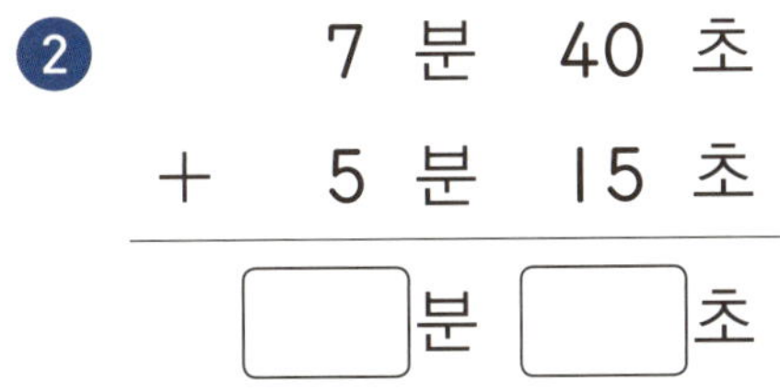

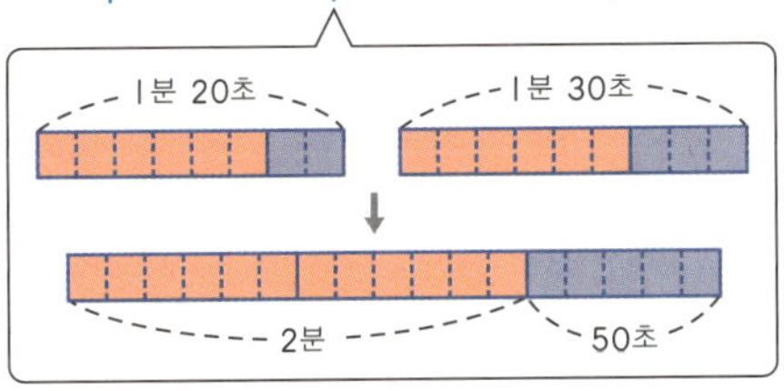

②

	7	분	40	초
+	5	분	15	초
		분		초

③

	9	분	46	초
+	21	분	7	초
		분		초

④

	14	분	24	초
+	37	분	18	초
		분		초

분 → 시 순서로 같은
시간 단위끼리 더해요.

⑤

	②		①	
	5	시	10	분
+	1	시간	20	분
		시		분

⑥

	3	시	15	분
+	4	시간	19	분
		시		분

⑦

	6	시		
+	2	시간	36	분
		시		분

더하는 수가 없으면
그대로 내려 써요.

⑧

	8	시	23	분
+	1	시간	17	분
		시		분

 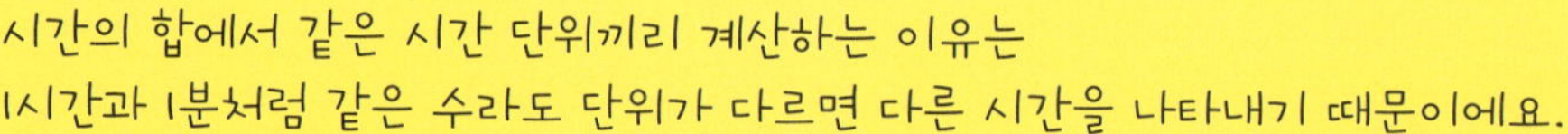

🐾 계산해 보세요.

①

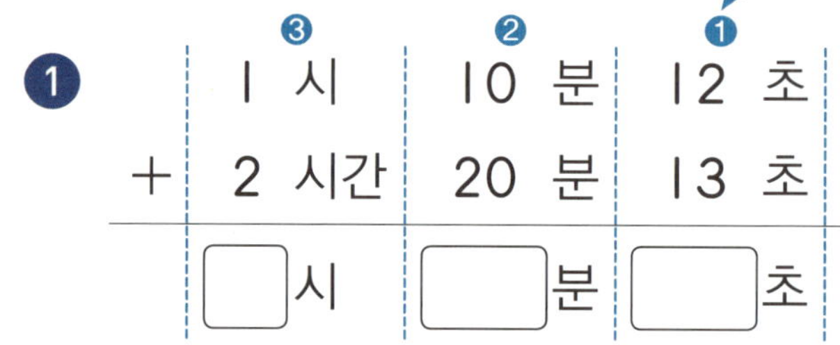

	③	②	①
	1 시	10 분	12 초
+	2 시간	20 분	13 초
	☐ 시	☐ 분	☐ 초

②

	4 시	7 분	5 초
+	3 시간	16 분	25 초
	☐ 시	☐ 분	☐ 초

③

	5 시	24 분	40 초
+	4 시간	25 분	13 초
	☐ 시	☐ 분	☐ 초

④

	6 시	25 분	14 초
+	3 시간	30 분	28 초
	☐ 시	☐ 분	☐ 초

⑤

	3 시	36 분	16 초
+	7 시간	18 분	17 초
	☐ 시	☐ 분	☐ 초

⑥

	8 시	18 분	37 초
+	4 시간	28 분	9 초
	☐ 시	☐ 분	☐ 초

⑦

	9 시	15 분	12 초
+		39 분	19 초
	☐ 시	☐ 분	☐ 초

더하는 수가 없으면 그대로 내려 써요.

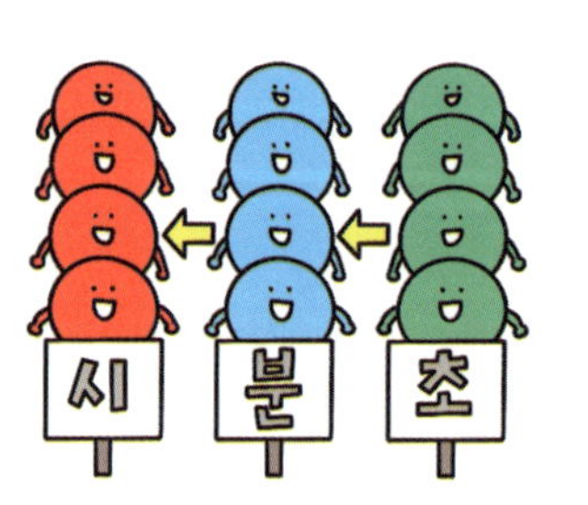

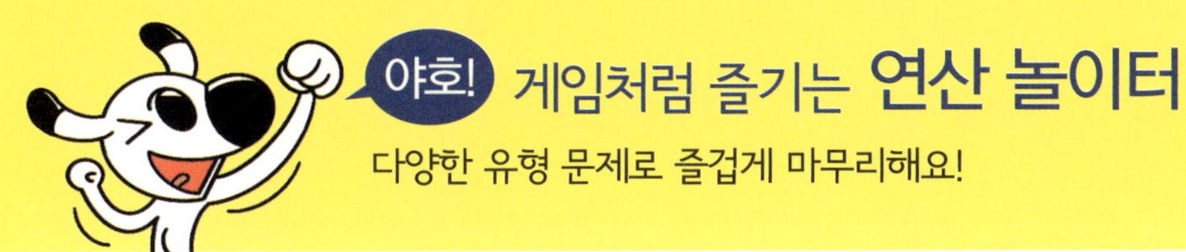

🐾 마법 상자를 통과하면 순식간에 시간이 흐른다고 합니다. 마법 상자를 통과한 후의 시각에 맞게 긴바늘과 초바늘을 그려 넣으세요.

1 +20분 15초

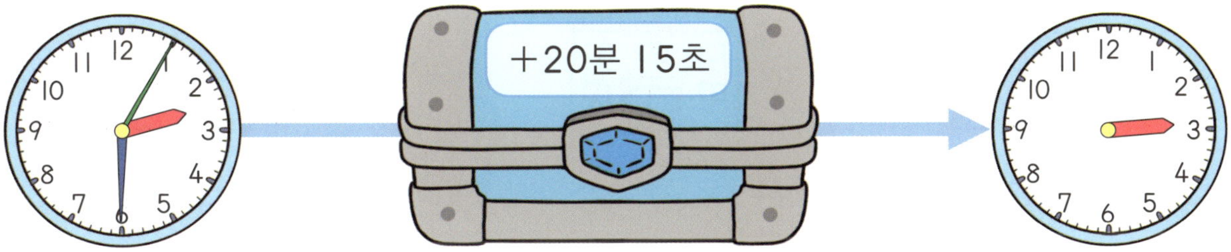

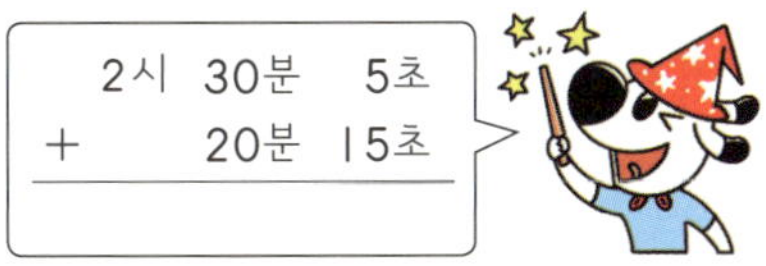

2시	30분	5초
+	20분	15초

2 +35분 40초

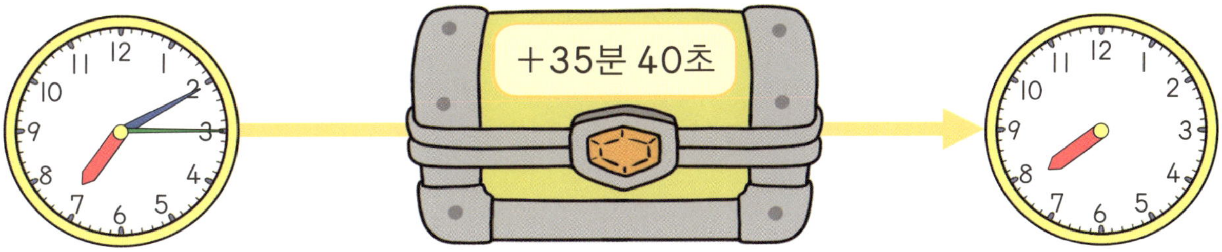

3 +1시간 5분 10초

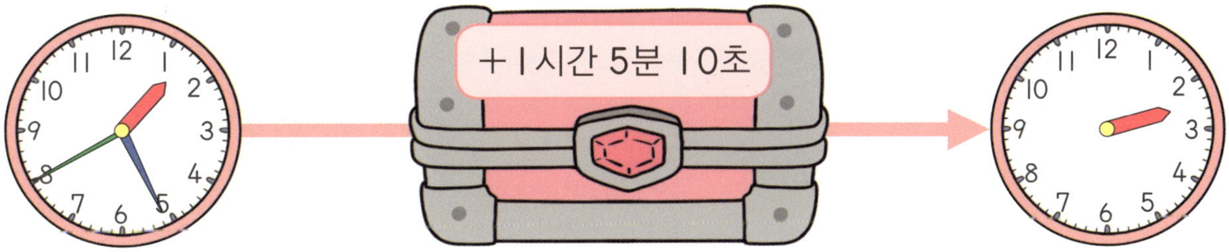

4 +2시간 15분 5초

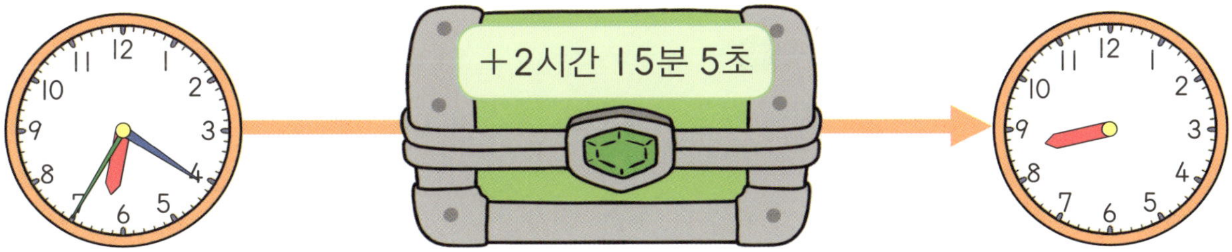

시간의 합

🐾 그림을 보고 시간의 합을 구해 보세요.

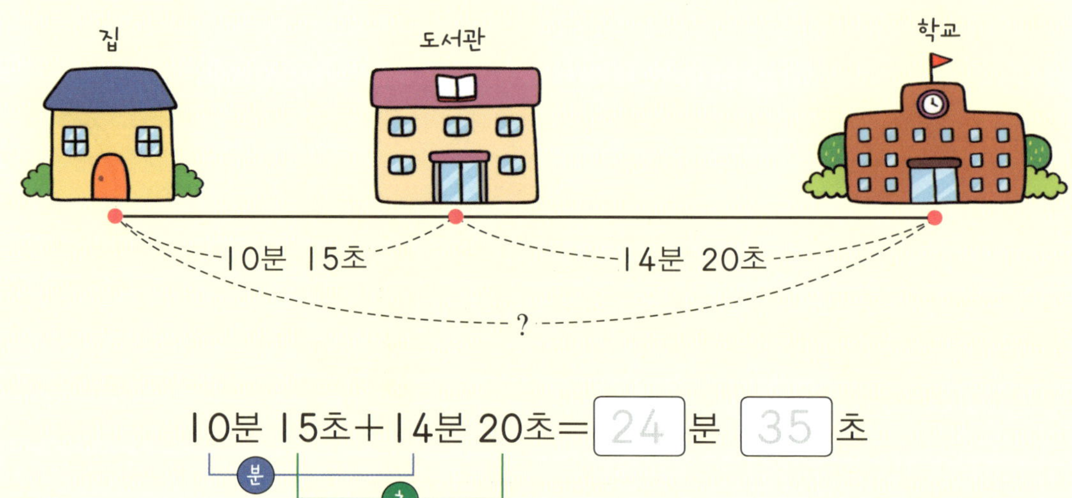

10분 15초＋14분 20초＝ 24 분 35 초
분
초

⭐ 집에서 도서관을 지나 학교까지 가는 데 걸리는 시간은 ☐ 분 ☐ 초예요.

1시간 5분 30초　　　　　　　1시간 8분 10초

1시간 5분 30초＋1시간 8분 10초＝ 2 시간 13 분 40 초
시
분
초

⭐ 수영과 태권도를 한 시간은 모두 ☐ 시간 ☐ 분 ☐ 초예요.

1시간과 2시간의 합을 구할 때에는
(시간)+(시간)=(시간)을 이용하여 구해요.
1시간에 2시간을 더하면 3시간이에요.

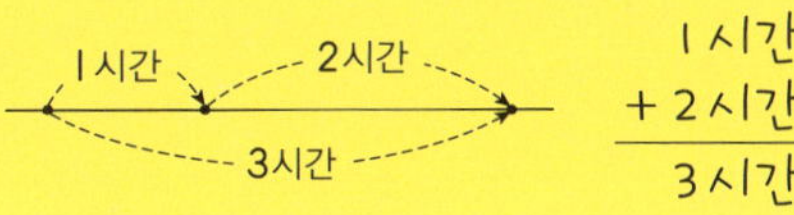

🐾 계산해 보세요.

1 2분 30초＋3분 20초＝ 5 분 50 초

같은 시간 단위끼리 선을
긋고 계산해 보세요.

2 13분 15초＋7분 18초＝ □ 분 □ 초

3 30분 19초＋15분 25초＝ □ 분 □ 초

4 1시 35분＋3시간 12분＝ □ 시 □ 분

5 2시 45분＋4시간 6분＝ □ 시 □ 분

6 8시간 26분＋2시간 19분＝ □ 시간 □ 분

7 9시간 28분＋3시간 27분＝ □ 시간 □ 분

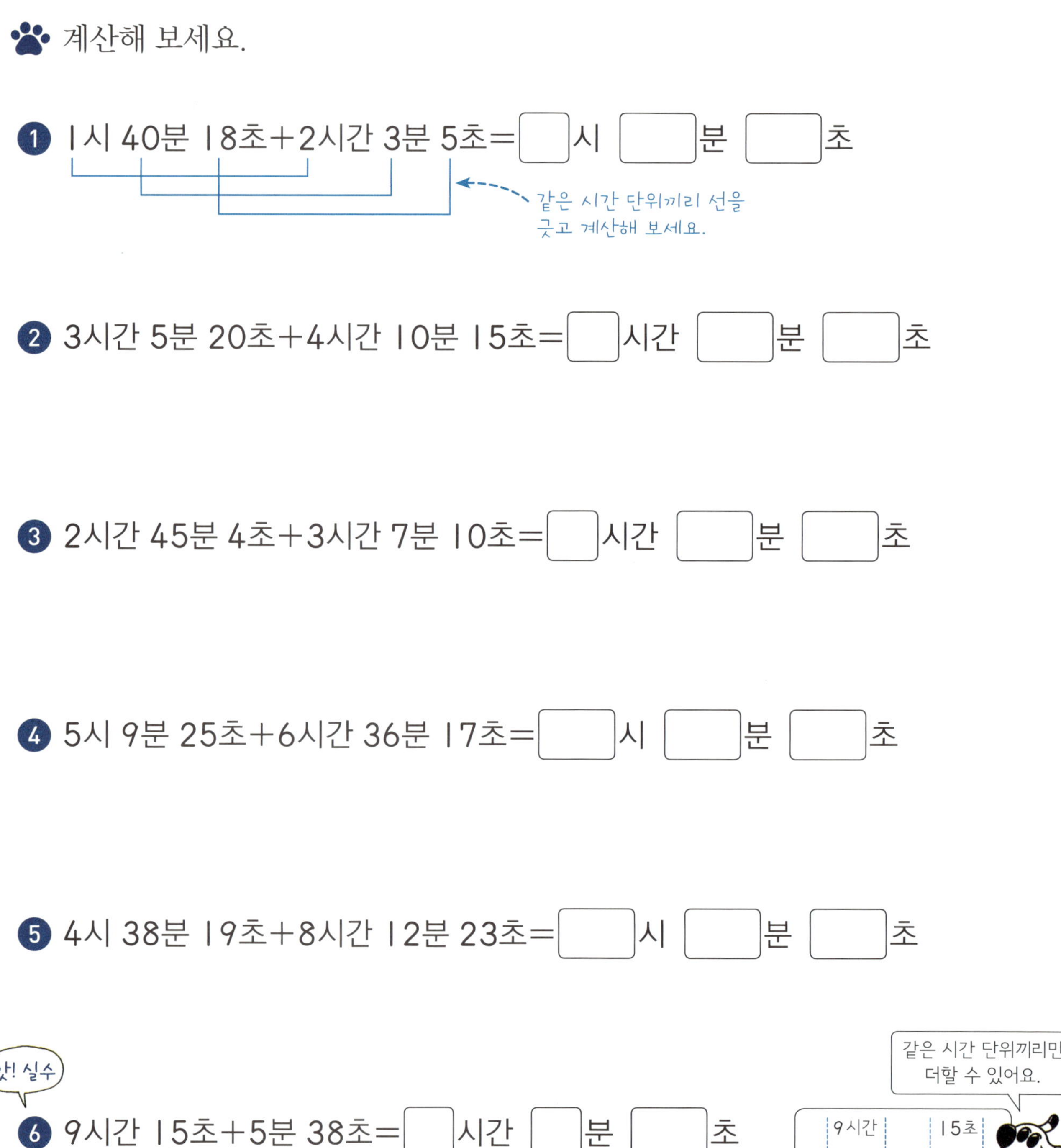

🐾 계산해 보세요.

1 1시 40분 18초＋2시간 3분 5초＝☐시 ☐분 ☐초

2 3시간 5분 20초＋4시간 10분 15초＝☐시간 ☐분 ☐초

3 2시간 45분 4초＋3시간 7분 10초＝☐시간 ☐분 ☐초

4 5시 9분 25초＋6시간 36분 17초＝☐시 ☐분 ☐초

5 4시 38분 19초＋8시간 12분 23초＝☐시 ☐분 ☐초

6 9시간 15초＋5분 38초＝☐시간 ☐분 ☐초

7 7시간 35분＋8분 55초＝☐시간 ☐분 ☐초

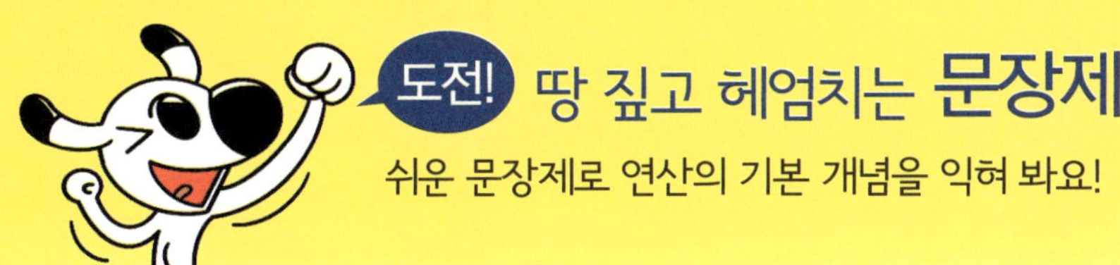

그림을 보고 ☐ 안에 알맞은 수를 써넣으세요.

1

청팀의 이어달리기 기록은 ☐분 ☐초예요.

2

공연 시간	
1부	1시간 25분
2부	1시간 30분

공연 시간은 모두 ☐시간 ☐분이에요.

3

거북이가 집에서 출발하여 돌바위를 지나 집으로 돌아오는 데 걸리는 시간은 ☐시간 ☐분 ☐초예요.

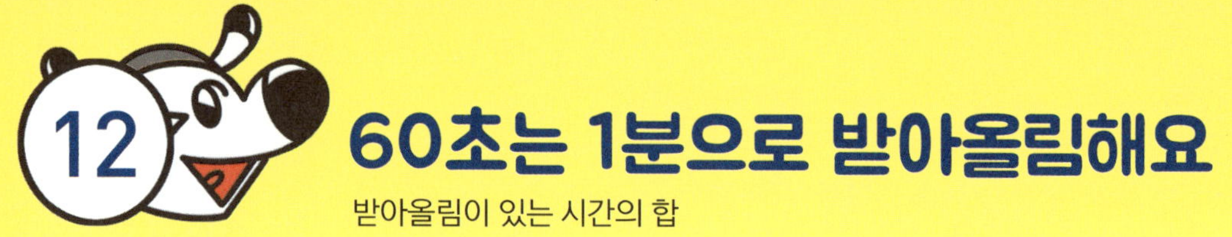

🐾 받아올림이 있는 시간의 합을 알아보세요.

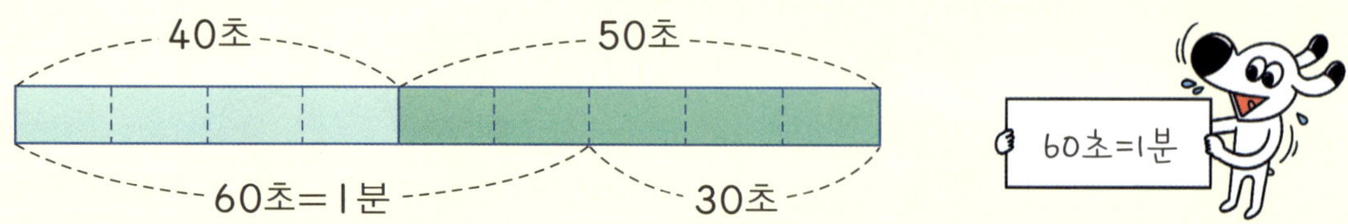

⭐ 40초+50초= 90 초=60초+ 30 초=1분 □ 초입니다.

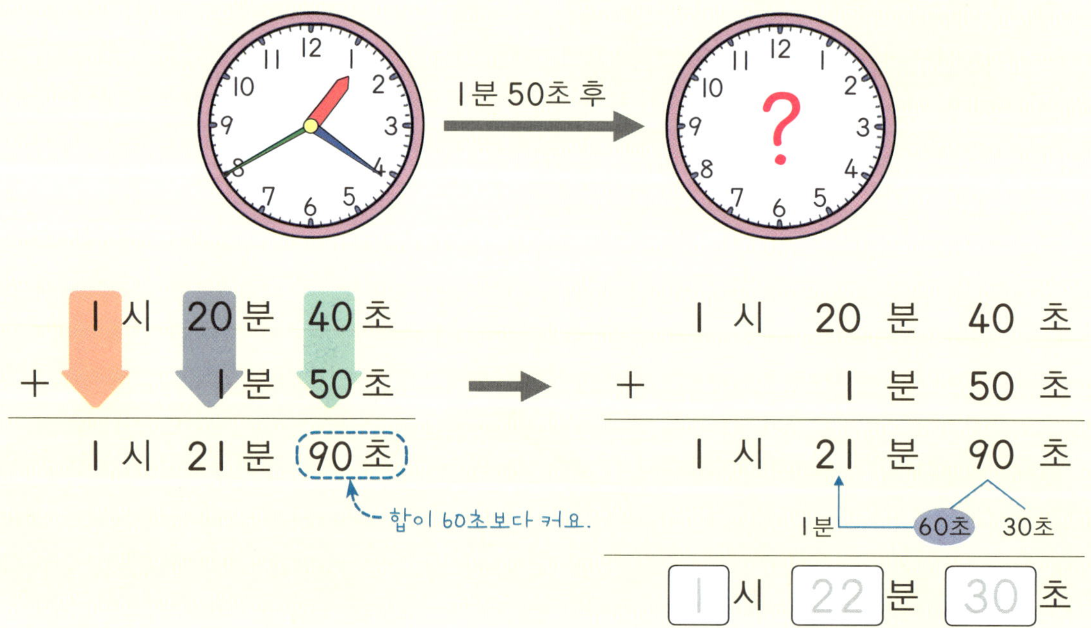

⭐ 초끼리의 합이 60이거나 60보다 크면 60초를 □ 분으로 받아올림하여 계산합니다.

⭐ 1시 20분 40초에서 1분 50초 후의 시각은 □시 □분 □초입니다.

초끼리의 합이 60이거나 60보다 크면 60초를 1분으로 받아올림해요.
1분 55초와 10초의 합은 1분 55초+10초=1분 65초=2분 5초예요.
1분 5초

🐾 계산해 보세요.

1

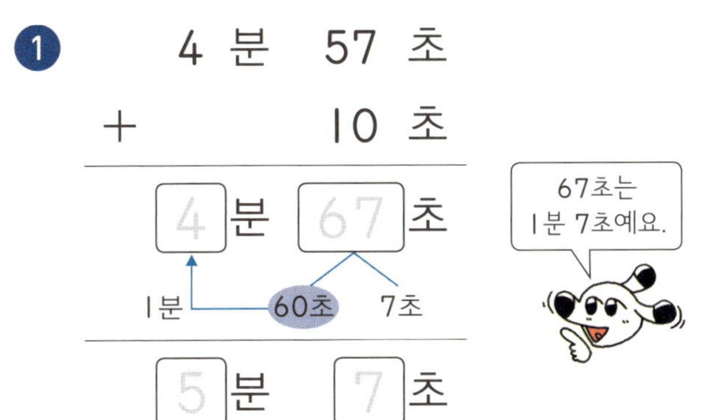

$$4 \text{ 분 } 57 \text{ 초} + 10 \text{ 초}$$

4 분 67 초
1분 60초 7초
5 분 7 초

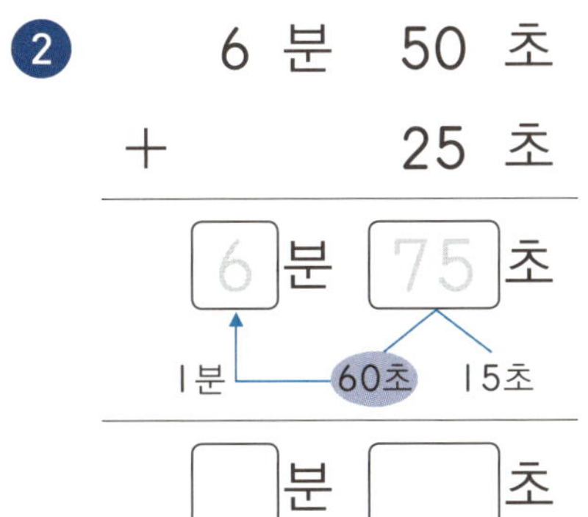

2

$$6 \text{ 분 } 50 \text{ 초} + 25 \text{ 초}$$

6 분 75 초
1분 60초 15초
□ 분 □ 초

3

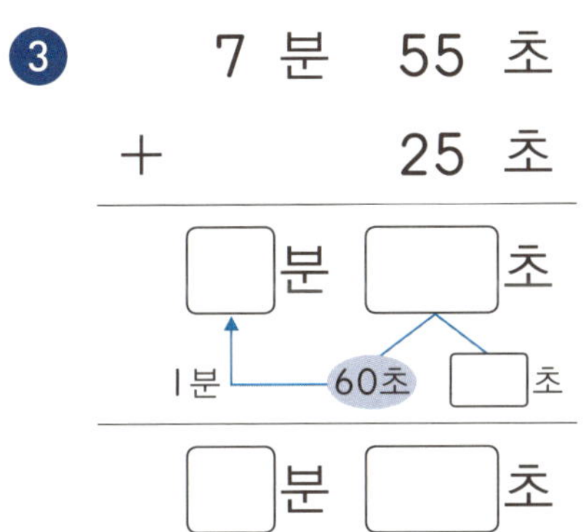

$$7 \text{ 분 } 55 \text{ 초} + 25 \text{ 초}$$

□ 분 □ 초
1분 60초 □ 초
□ 분 □ 초

4

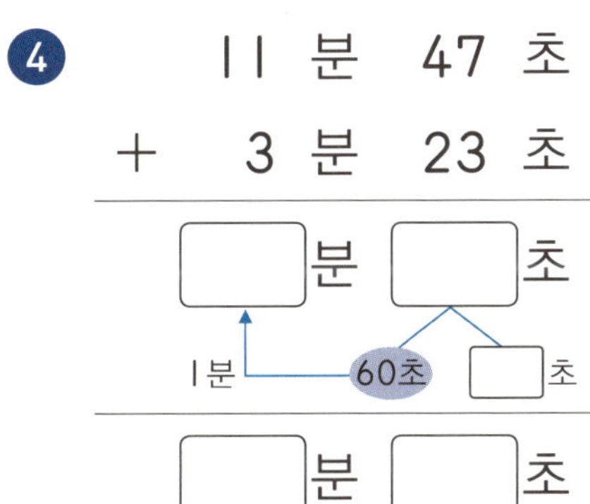

$$11 \text{ 분 } 47 \text{ 초} + 3 \text{ 분 } 23 \text{ 초}$$

□ 분 □ 초
1분 60초 □ 초
□ 분 □ 초

5

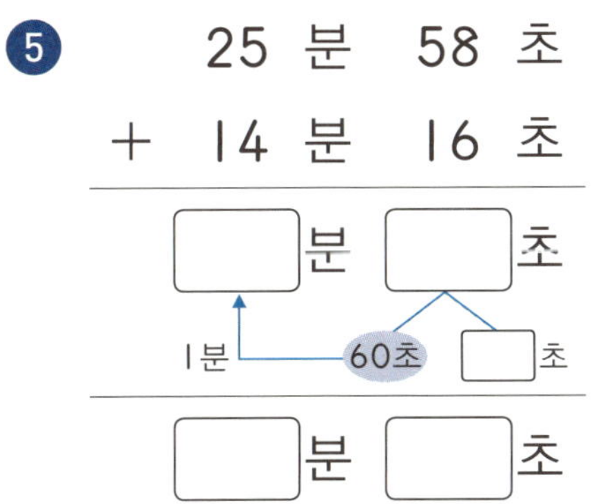

$$25 \text{ 분 } 58 \text{ 초} + 14 \text{ 분 } 16 \text{ 초}$$

□ 분 □ 초
1분 60초 □ 초
□ 분 □ 초

6

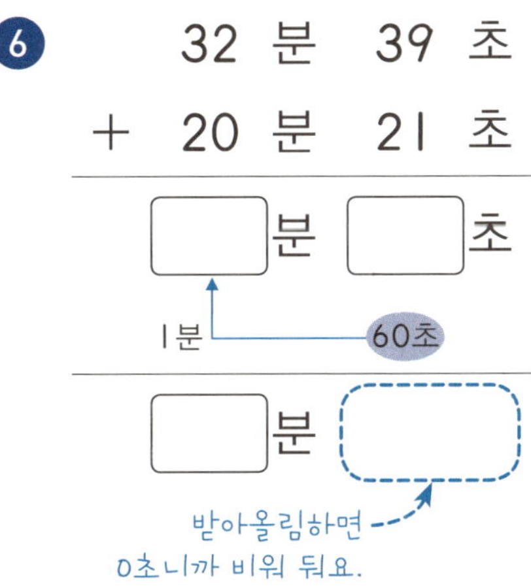

$$32 \text{ 분 } 39 \text{ 초} + 20 \text{ 분 } 21 \text{ 초}$$

□ 분 □ 초
1분 60초
□ 분 □ 초

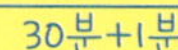

계산해 보세요.

1

	1 시	20 분	55 초
+			10 초

2

	3 시간	42 분	50 초
+			25 초

3

	5 시	32 분	49 초
+		5 분	20 초

4

	7 시간	12 분	32 초
+		8 분	45 초

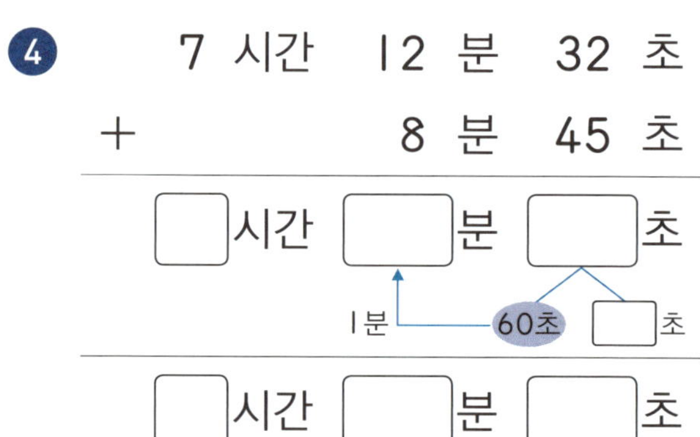

5

	6 시	40 분	58 초
+		15 분	26 초

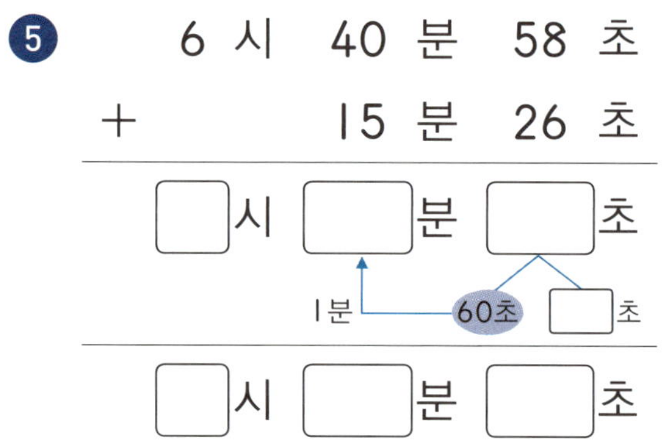

6

	8 시간	30 분	27 초
+		20 분	33 초

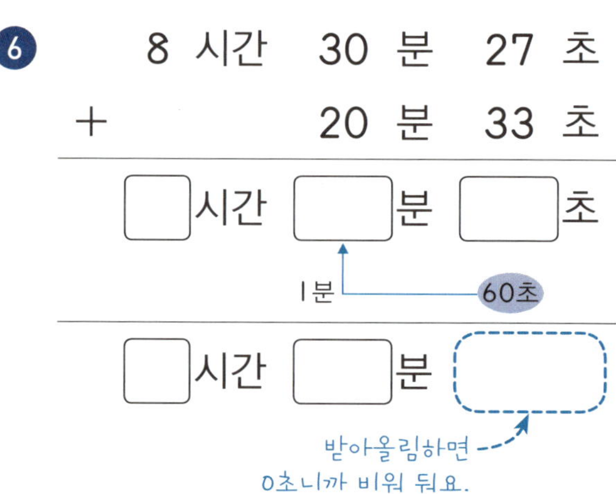

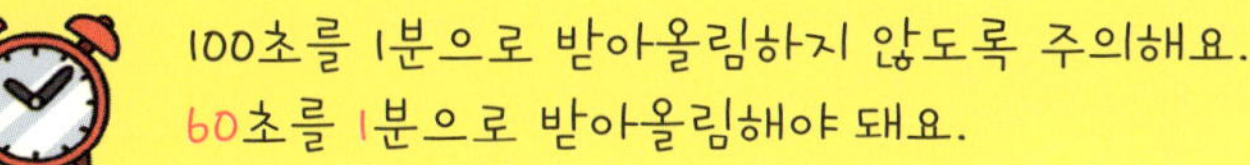

🐾 계산해 보세요.

1

	2 시	14 분	55 초
+	1 시간	20 분	8 초

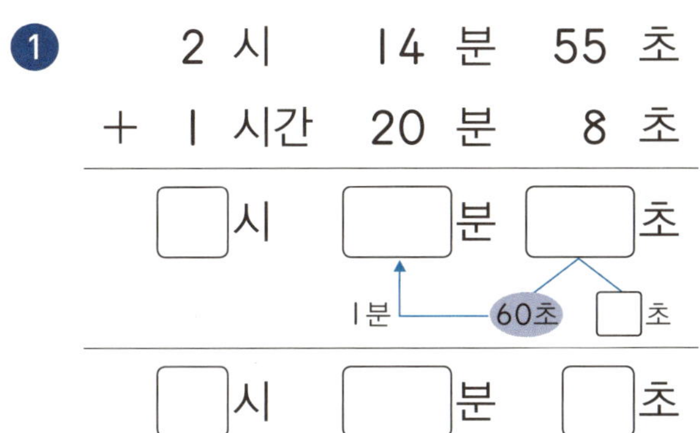

2

	4 시간	13 분	45 초
+	3 시간	9 분	26 초

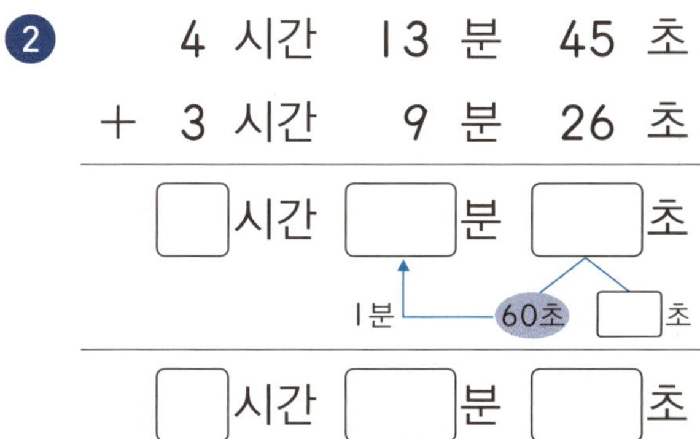

3

	8 시	30 분	59 초
+	1 시간	10 분	27 초

4

	5 시간	42 분	36 초
+	6 시간	7 분	55 초

앗! 실수

5

	3 시	28 분	45 초
+	2 시간	12 분	55 초

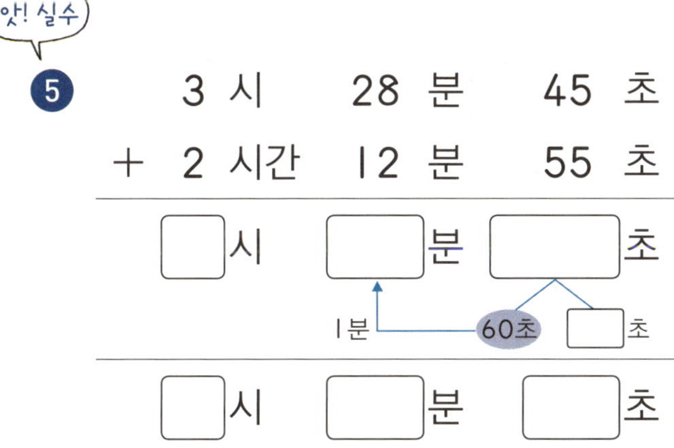

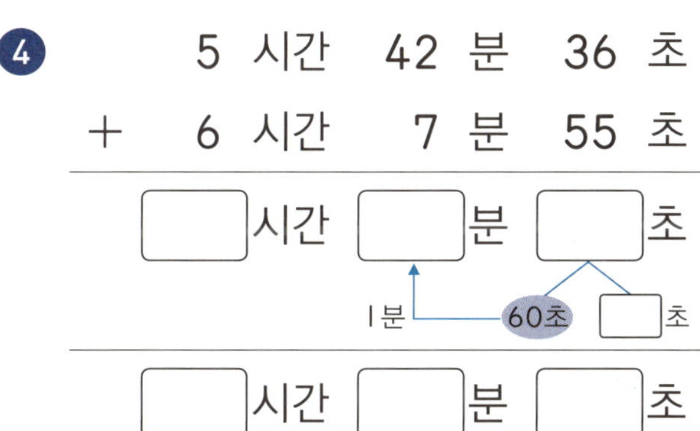

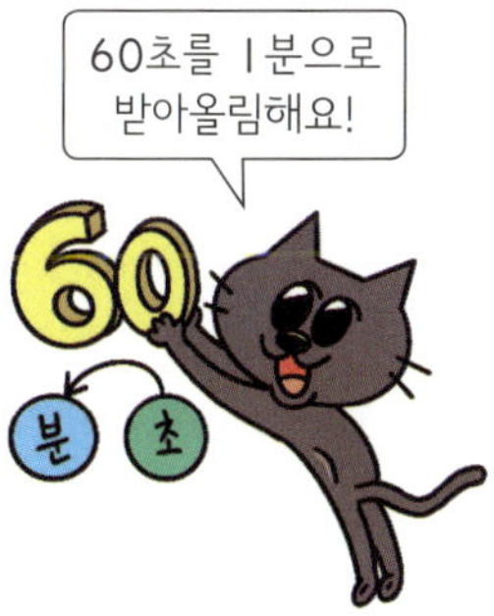

야호! 게임처럼 즐기는 연산 놀이터

다양한 유형 문제로 즐겁게 마무리해요!

사다리 타기를 하면 어느 친구가 계산했는지 알 수 있습니다. 계산이 틀린 친구를 모두 찾아 이름을 써 보세요.

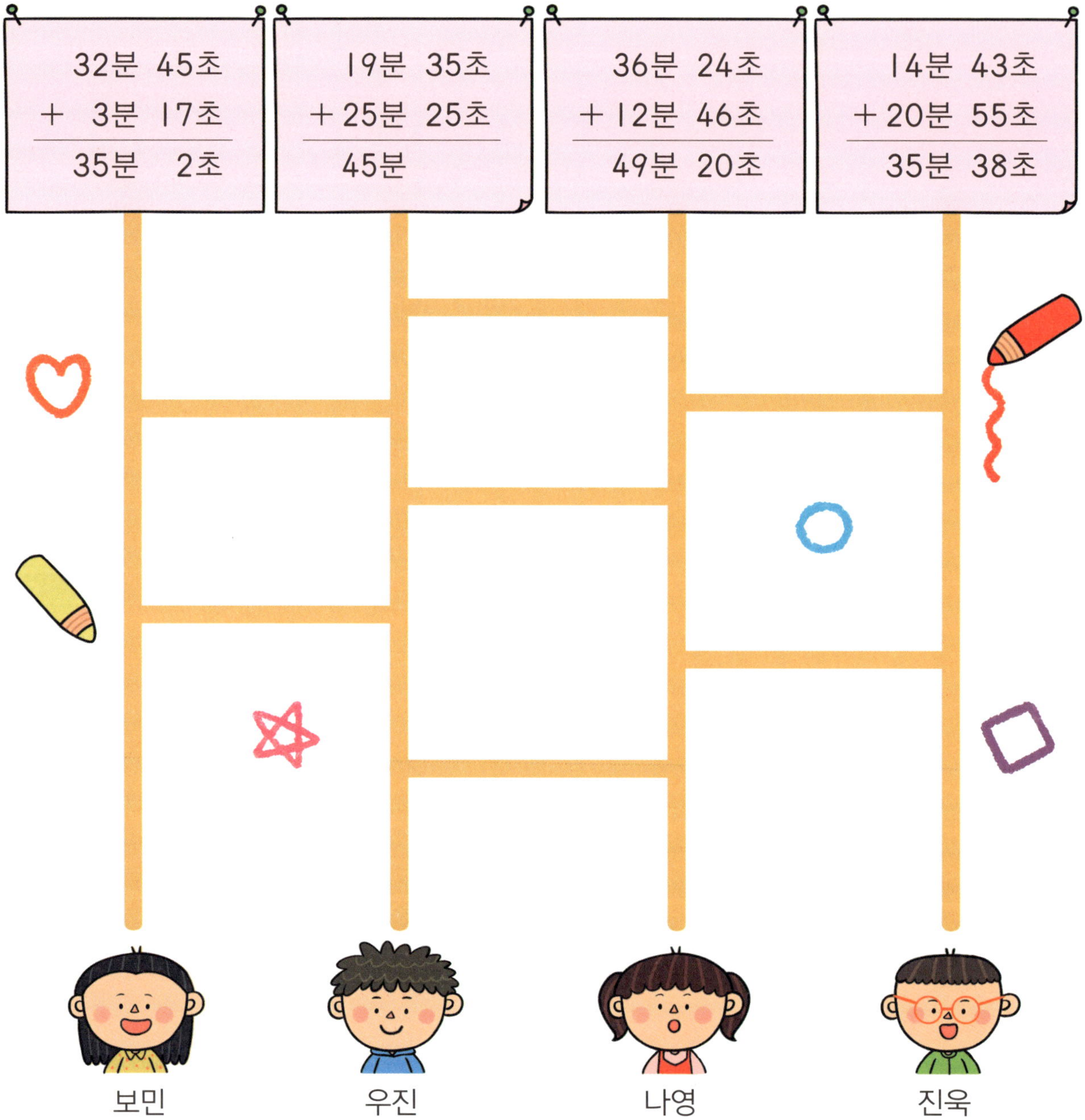
32분 45초
+ 3분 17초
35분 2초
19분 35초
+ 25분 25초
45분
36분 24초
+ 12분 46초
49분 20초
14분 43초
+ 20분 55초
35분 38초
보민
우진
나영
진욱

계산이 틀린 친구: ____________, ____________

🐾 받아올림이 있는 시간의 합을 알아보세요.

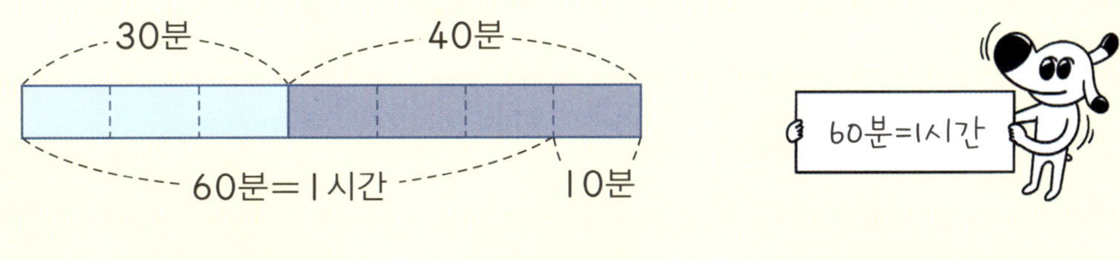

⭐ 30분＋40분＝ 70 분＝60분＋ 10 분＝1시간 　 분입니다.

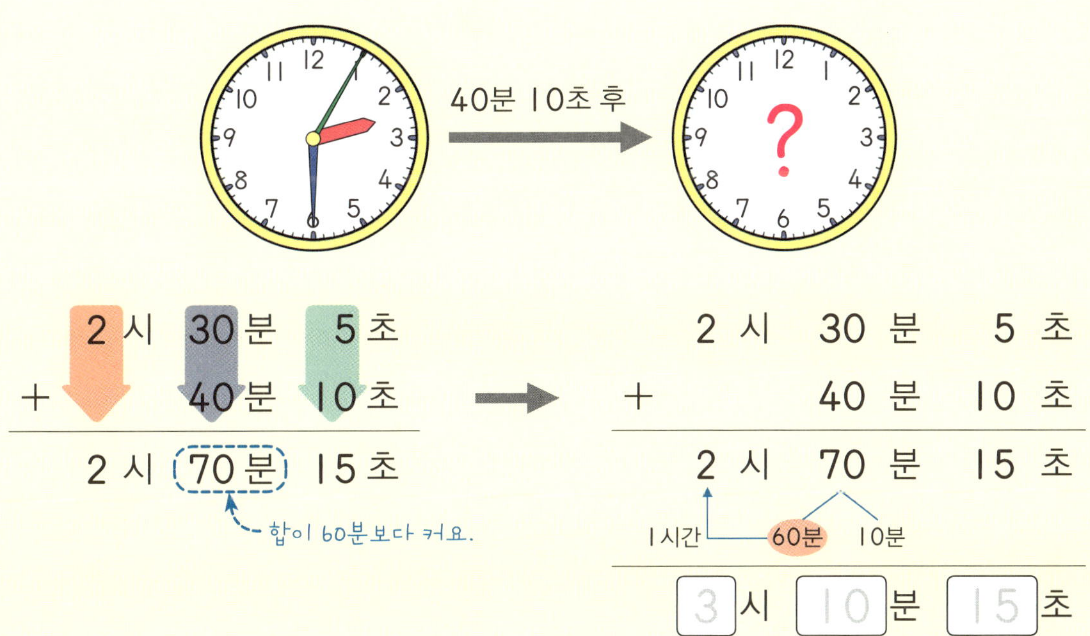

⭐ 분끼리의 합이 60이거나 60보다 크면 60분을 1 시간으로 받아올림하여 계산합니다.

⭐ 2시 30분 5초에서 40분 10초 후의 시각은 　 시 　 분 　 초입니다.

계산해 보세요.

①

$$5 \text{ 시 } 55 \text{ 분} + 10 \text{ 분}$$

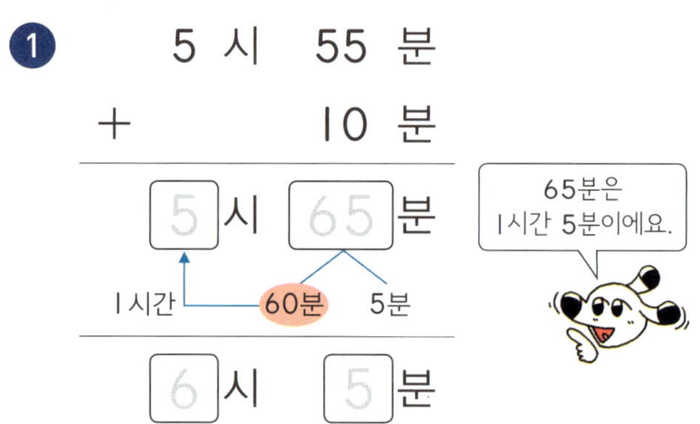

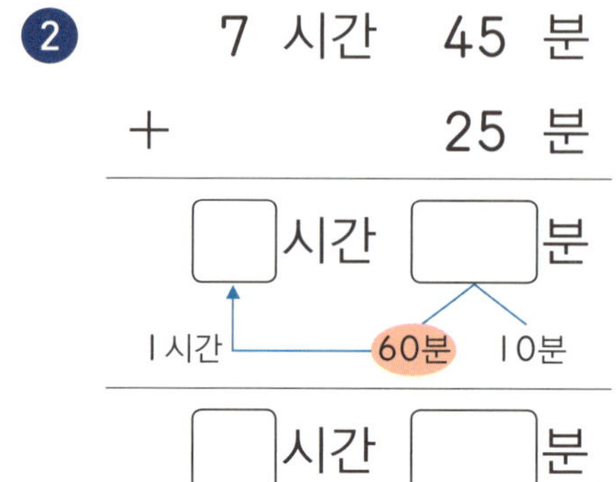

②

$$7 \text{ 시간 } 45 \text{ 분} + 25 \text{ 분}$$

③

$$8 \text{ 시 } 29 \text{ 분} + 43 \text{ 분}$$

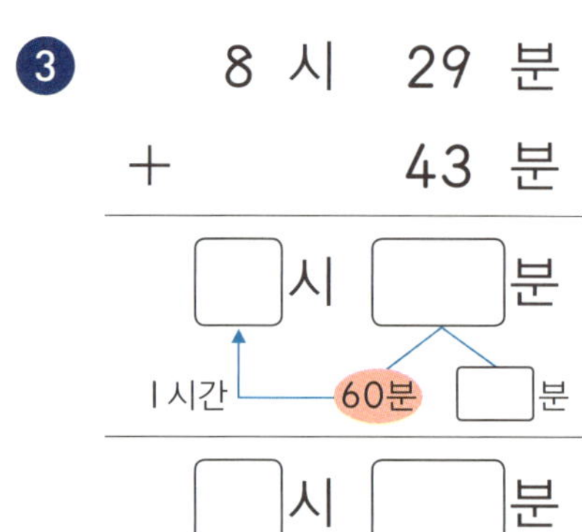

④

$$2 \text{ 시간 } 36 \text{ 분} + 1 \text{ 시간 } 47 \text{ 분}$$

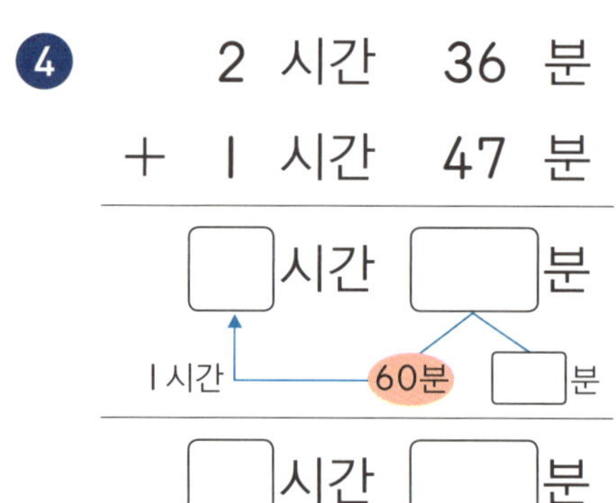

⑤

$$3 \text{ 시 } 38 \text{ 분} + 2 \text{ 시간 } 52 \text{ 분}$$

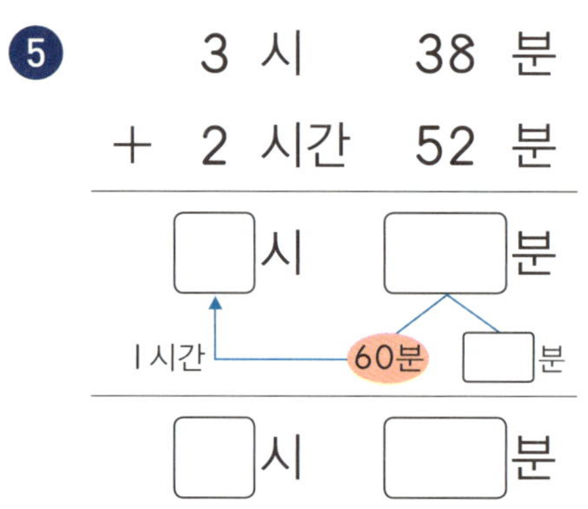

⑥

$$4 \text{ 시간 } 35 \text{ 분} + 3 \text{ 시간 } 25 \text{ 분}$$

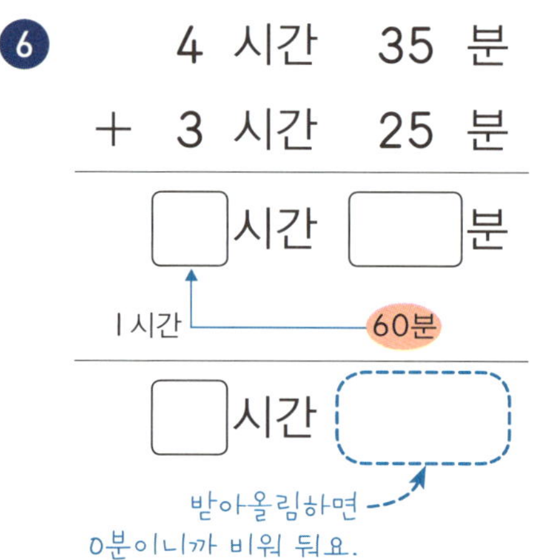

시간의 합에서 계산 결과가 0인 시간 단위는 읽지 않아요.
1시 50분 10초+2시간 10분 5초=3시 60분 15초=4시 15초예요.
3시+1시간

계산해 보세요.

1

```
    4 시  56 분   8 초
+          8 분   2 초
```

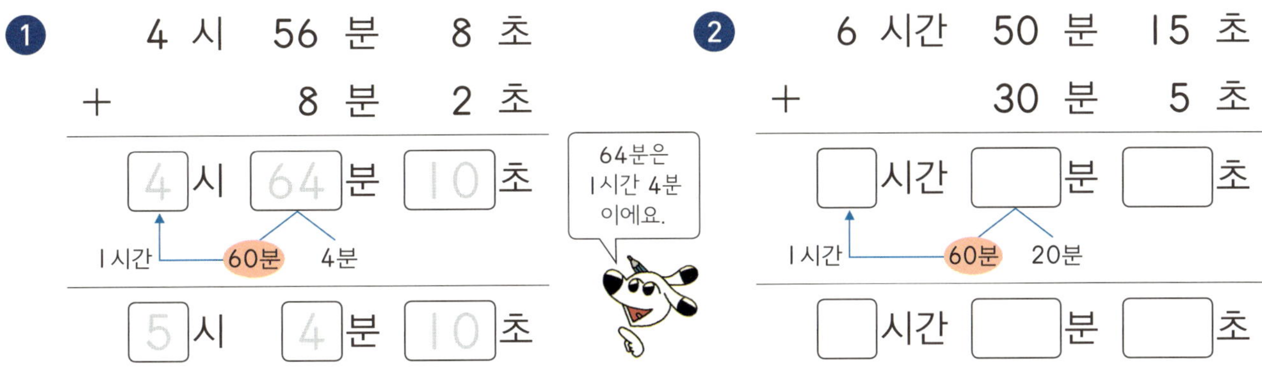


```
  [4] 시 [64] 분 [10] 초
1시간   60분   4분
  [5] 시  [4] 분 [10] 초
```

2

```
    6 시간  50 분  15 초
+           30 분   5 초
```

```
  [ ] 시간 [ ] 분 [ ] 초
1시간   60분   20분
  [ ] 시간 [ ] 분 [ ] 초
```

3

```
    3 시  40 분  24 초
+          30 분  10 초
```

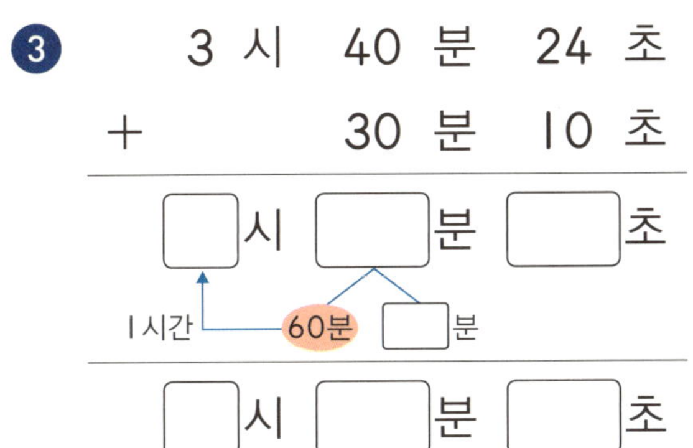

```
  [ ] 시 [ ] 분 [ ] 초
1시간   60분  [ ] 분
  [ ] 시 [ ] 분 [ ] 초
```

4

```
    8 시간  58 분  12 초
+           25 분  26 초
```

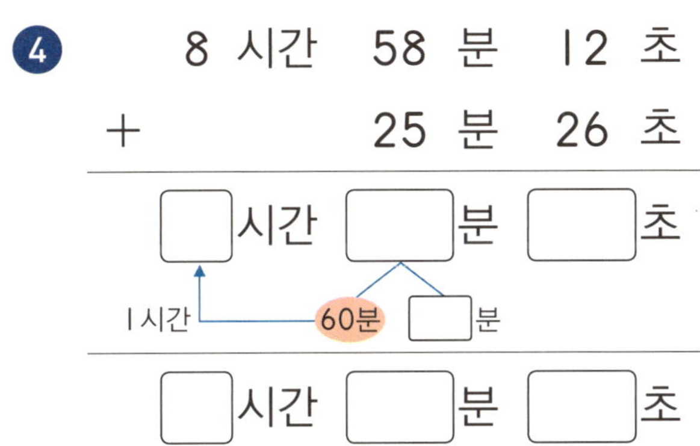

```
  [ ] 시간 [ ] 분 [ ] 초
1시간   60분  [ ] 분
  [ ] 시간 [ ] 분 [ ] 초
```

5

```
    2 시      48 분  38 초
+   3 시간  15 분  17 초
```

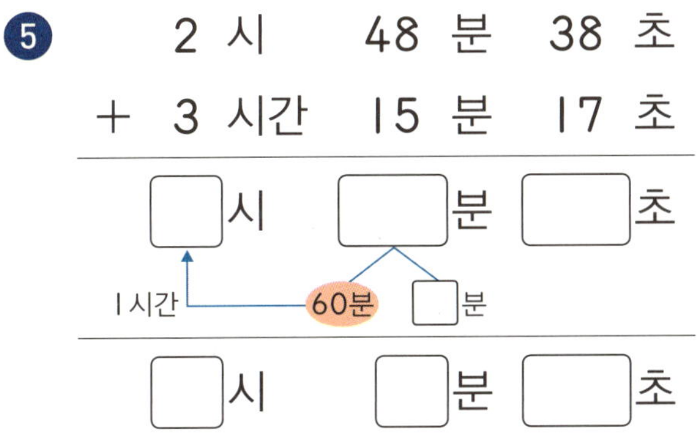

```
  [ ] 시 [ ] 분 [ ] 초
1시간   60분  [ ] 분
  [ ] 시 [ ] 분 [ ] 초
```

6

```
    7 시간  53 분  10 초
+   2 시간   7 분  30 초
```

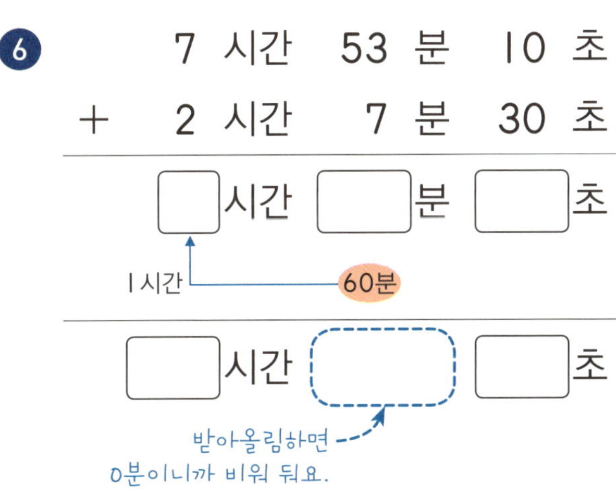

```
  [ ] 시간 [ ] 분 [ ] 초
1시간   60분
  [ ] 시간 [ ] 분 [ ] 초
```

받아올림하면
0분이니까 비워 둬요.

🐾 계산해 보세요.

①

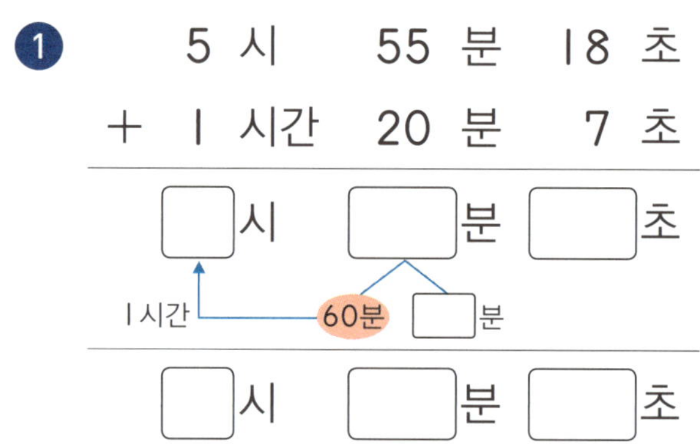

②

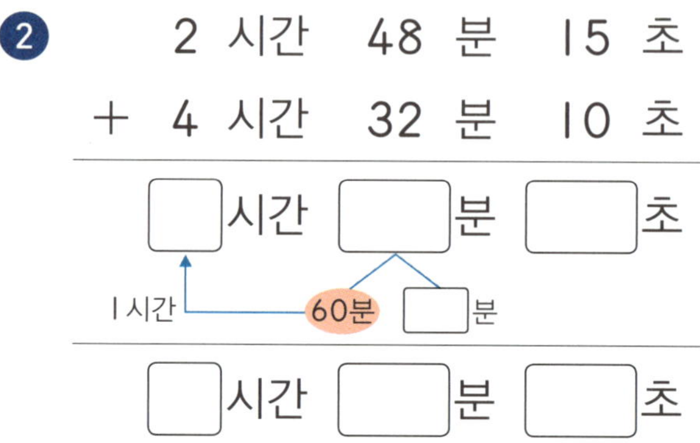

③

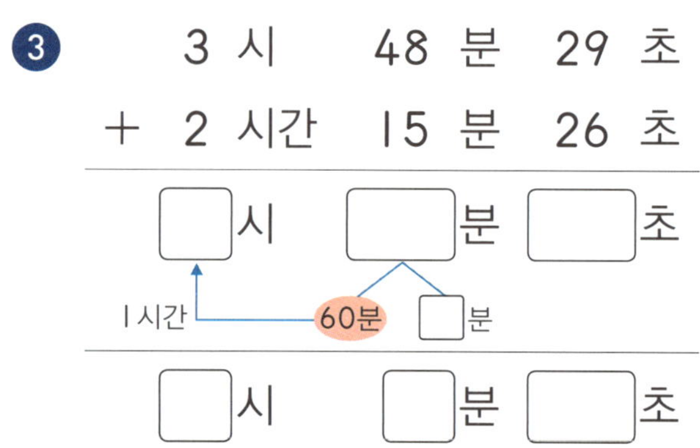

④

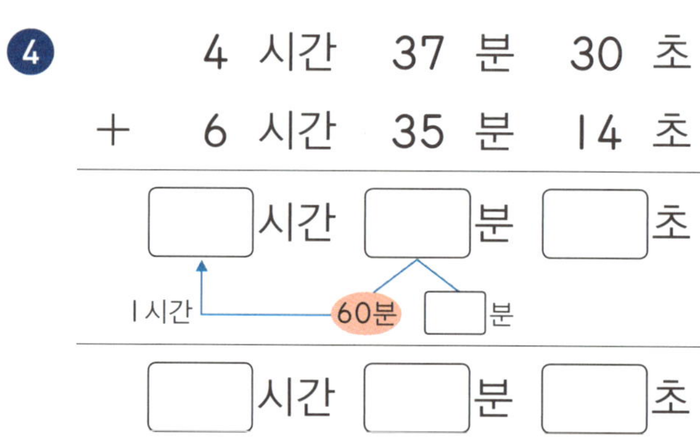

⑤

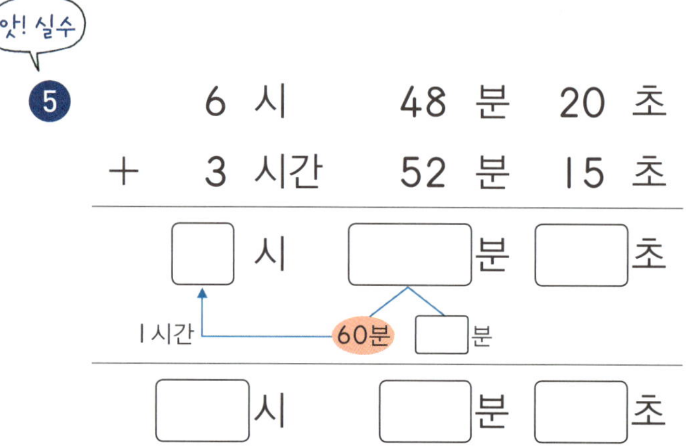

야호! 게임처럼 즐기는 **연산 놀이터**

다양한 유형 문제로 즐겁게 마무리해요!

주어진 시간이 지나면 각각의 알에서 새끼가 태어납니다. 새끼가 태어나는 시각에 알맞게 긴바늘과 초바늘을 그려 넣으세요.

20분 10초 후

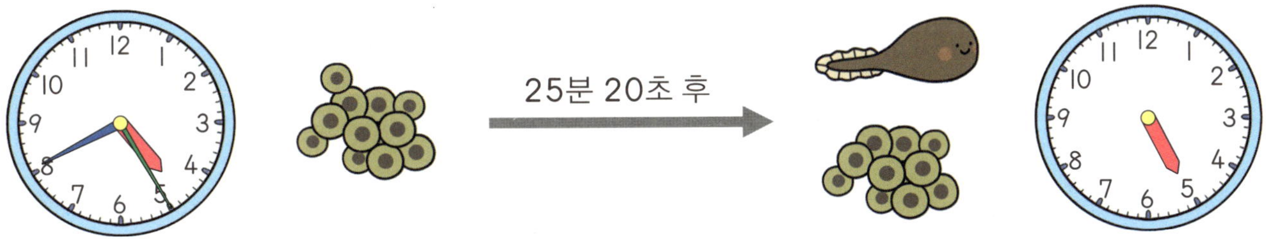

25분 20초 후

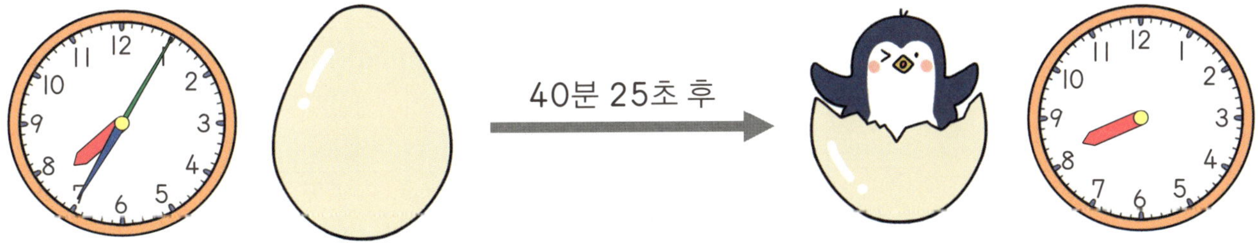

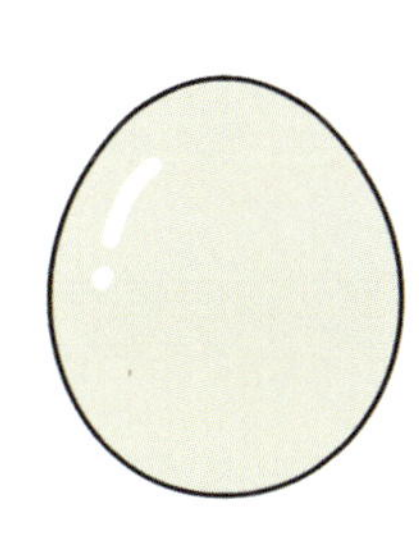

40분 25초 후

1시간 35분 5초 후

60초는 1분, 60분은 1시간으로 받아올림해요

받아올림이 있는 시간의 합

🐾 받아올림이 2번 있는 시간의 합을 알아보세요.

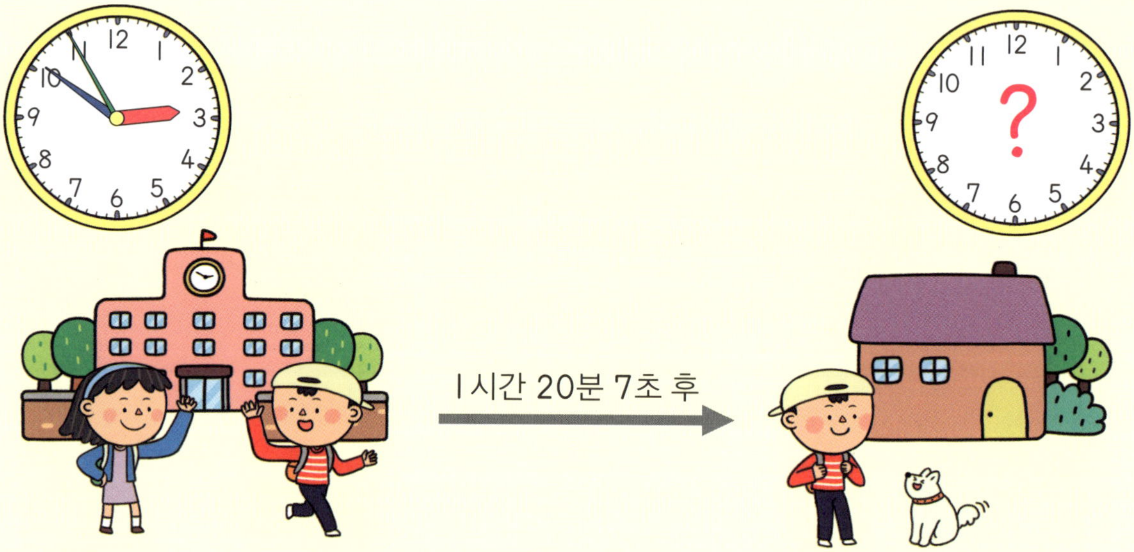

	2 시	50 분	55 초
+	1 시간	20 분	7 초
	3 시	(70 분)	(62 초)

합이 60분보다 커요.　　합이 60초보다 커요.

	2 시	50 분	55 초
+	1 시간	20 분	7 초
	3 시	70 분	62 초

1분　60초　2초

	3 시	71 분	2 초

1시간　60분　11분

	4 시	11 분	2 초

⭐ 초끼리, 분끼리의 합이 60이거나 60보다 크면 60초를 ☐ 분으로,

60분을 ☐ 시간으로 받아올림하여 계산합니다.

⭐ 2시 50분 55초에서 1시간 20분 7초 후의 시각은

☐ 시 ☐ 분 ☐ 초입니다.

초끼리의 합이 60이거나 60보다 크면 60초를 1분으로 받아올림하고,
분끼리의 합이 60이거나 60보다 크면 60분을 1시간으로 받아올림해요.

🐾 계산해 보세요.

1

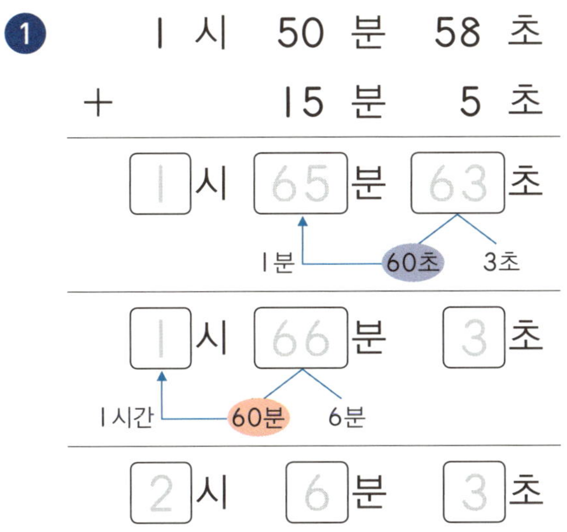

```
      1 시  50 분  58 초
   +       15 분   5 초
   ─────────────────────
      1 시  65 분  63 초
              1분  60초  3초
      1 시  66 분   3 초
         1시간  60분  6분
      2 시   6 분   3 초
```

2

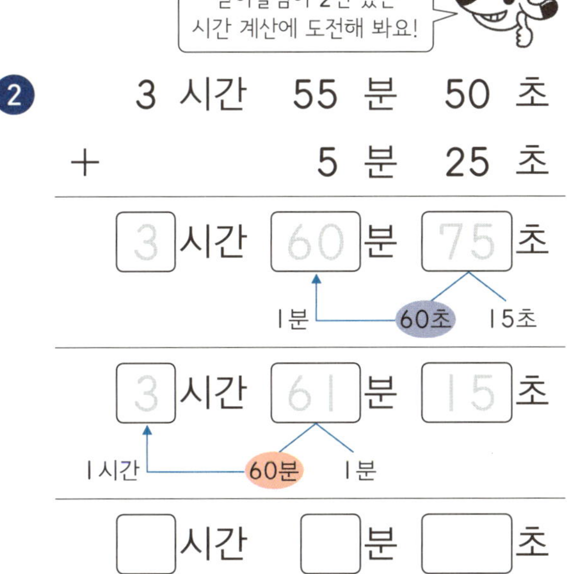

```
      3 시간  55 분  50 초
   +         5 분  25 초
   ─────────────────────
      3 시간  60 분  75 초
               1분  60초  15초
      3 시간  61 분  15 초
          1시간  60분  1분
      ☐ 시간  ☐ 분  ☐ 초
```

3

```
      5 시  45 분  40 초
   +       17 분  25 초
   ─────────────────────
      ☐ 시  ☐ 분  ☐ 초
              1분  60초  ☐초
      ☐ 시  ☐ 분  ☐ 초
         1시간  60분  ☐분
      ☐ 시  ☐ 분  ☐ 초
```

4

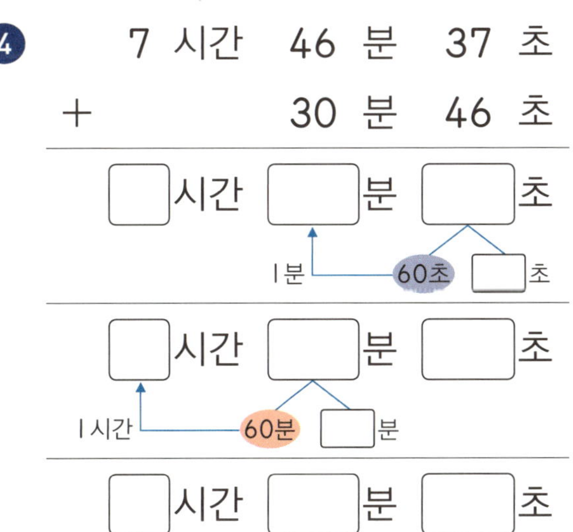

```
      7 시간  46 분  37 초
   +        30 분  46 초
   ─────────────────────
      ☐ 시간  ☐ 분  ☐ 초
               1분  60초  ☐초
      ☐ 시간  ☐ 분  ☐ 초
          1시간  60분  ☐분
      ☐ 시간  ☐ 분  ☐ 초
```

받아올림이 2번 있는 시간의 합은 계산이 복잡하지만 차근차근히 하면 돼요.
1시 20분 10초+2시간 50분 55초=3시 70분 65초=3시 71분 5초=4시 11분 5초예요.
1분 5초   1시간 11분

3 시   30 분   50 초
+ 1 시간   40 분   35 초
☐ 시   ☐ 분   ☐ 초
1분   60초   ☐ 초
☐ 시   ☐ 분   ☐ 초
1시간   60분   ☐ 분
☐ 시   ☐ 분   ☐ 초

4 시간   20 분   43 초
+ 2 시간   55 분   20 초
☐ 시간   ☐ 분   ☐ 초
1분   60초   ☐ 초
☐ 시간   ☐ 분   ☐ 초
1시간   60분   ☐ 분
☐ 시간   ☐ 분   ☐ 초

6 시   58 분   30 초
+ 1 시간   25 분   45 초
☐ 시   ☐ 분   ☐ 초
1분   60초   ☐ 초
☐ 시   ☐ 분   ☐ 초
1시간   60분   ☐ 분
☐ 시   ☐ 분   ☐ 초

3 시간   59 분   25 초
+ 5 시간   24 분   35 초
☐ 시간   ☐ 분   ☐ 초
1분   60초
☐ 시간   ☐ 분
1시간   60분   ☐ 분
☐ 시간   ☐ 분
받아올림하면
0초니까 비워 둬요.

🐾 계산해 보세요.

1

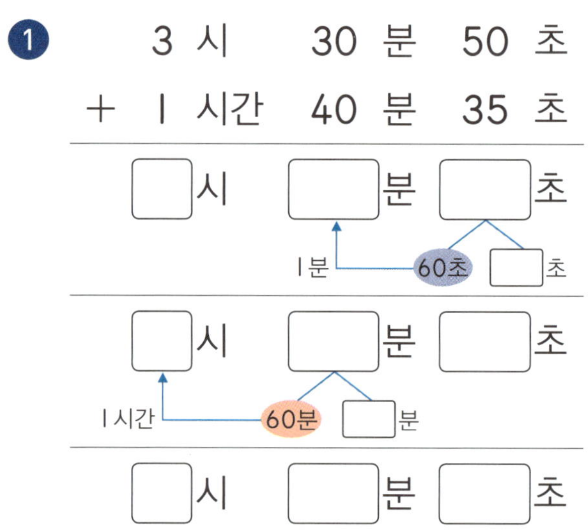

2

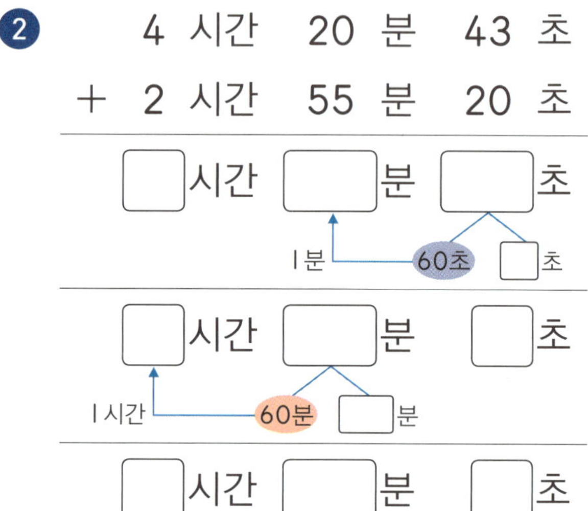

3

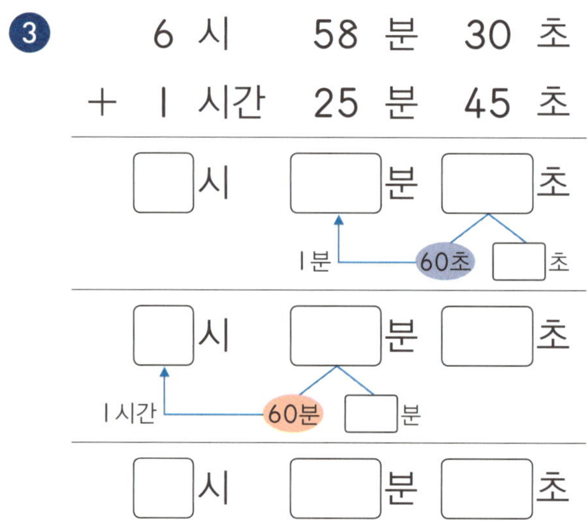

4

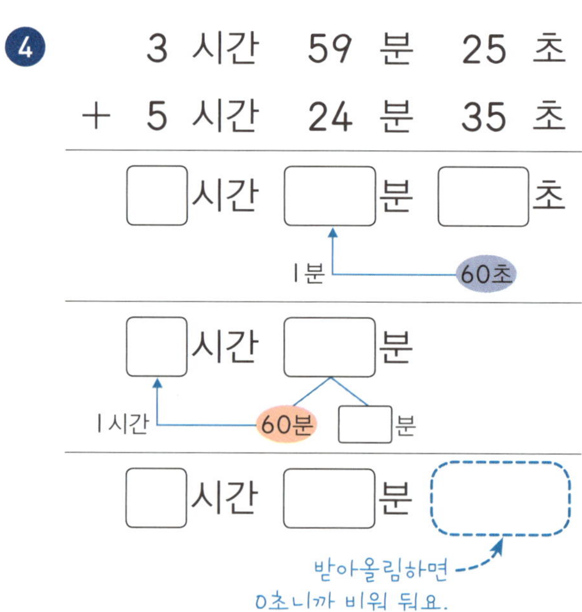

 받아올림해서 분 단위나 초 단위의 수가 0이 되면 그 시간 단위는 읽지 않아요.

🐾 계산해 보세요.

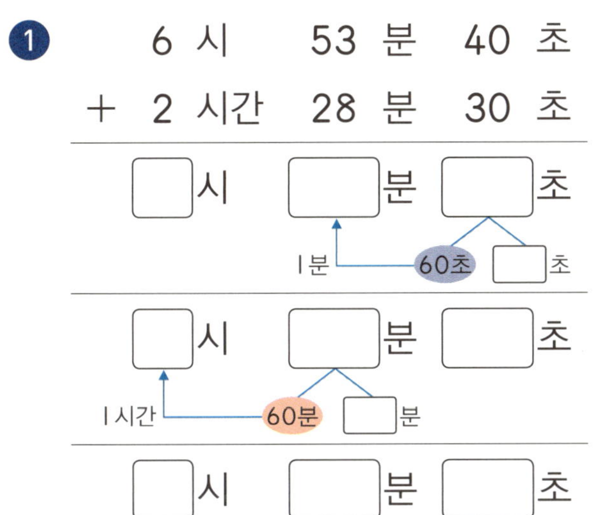

1

	6 시	53 분	40 초
+	2 시간	28 분	30 초

☐ 시 ☐ 분 ☐ 초

1분 ← 60초 ☐ 초

☐ 시 ☐ 분 ☐ 초

1시간 ← 60분 ☐ 분

☐ 시 ☐ 분 ☐ 초

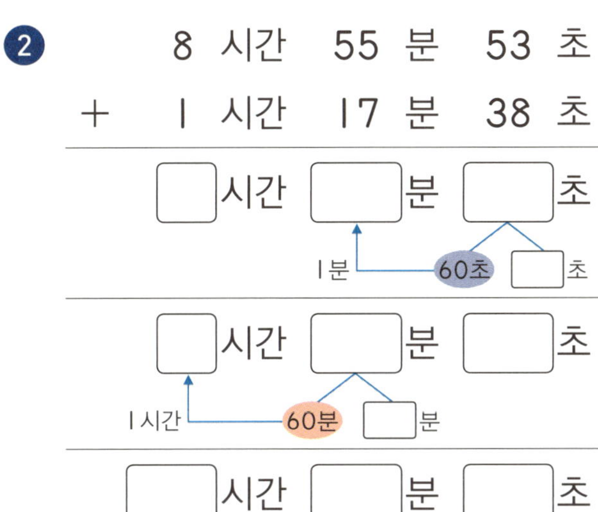

2

	8 시간	55 분	53 초
+	1 시간	17 분	38 초

☐ 시간 ☐ 분 ☐ 초

1분 ← 60초 ☐ 초

☐ 시간 ☐ 분 ☐ 초

1시간 ← 60분 ☐ 분

☐ 시간 ☐ 분 ☐ 초

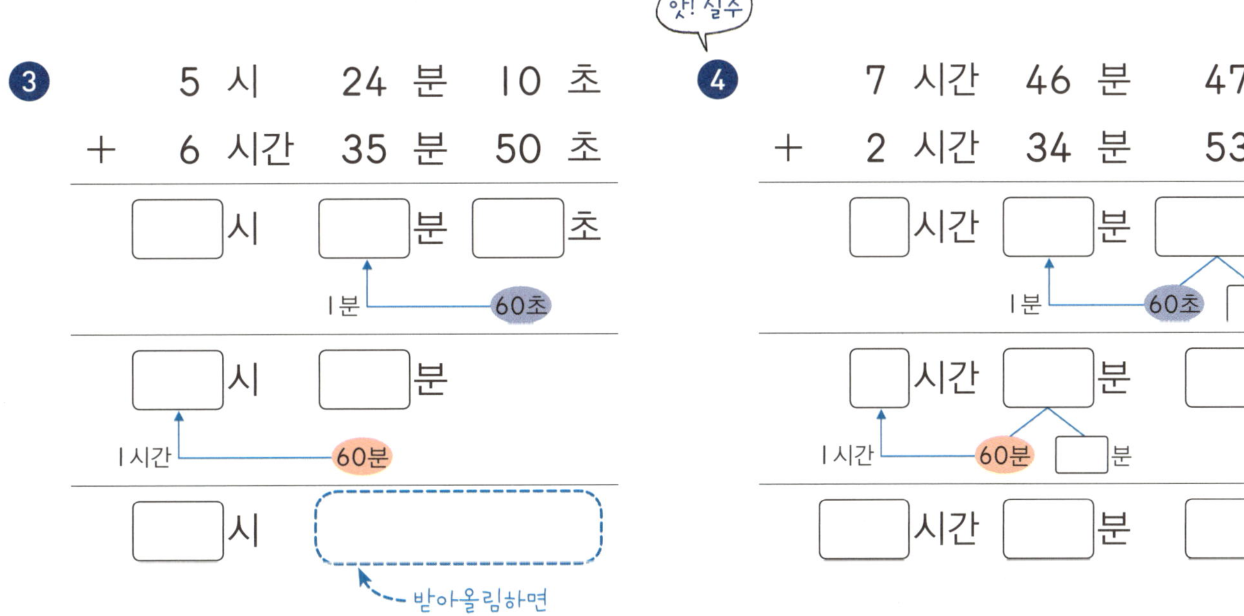

3

	5 시	24 분	10 초
+	6 시간	35 분	50 초

☐ 시 ☐ 분 ☐ 초

1분 ← 60초

☐ 시 ☐ 분

1시간 ← 60분

☐ 시 ☐☐☐☐

4

	7 시간	46 분	47 초
+	2 시간	34 분	53 초

☐ 시간 ☐ 분 ☐ 초

1분 ← 60초 ☐ 초

☐ 시간 ☐ 분 ☐ 초

1시간 ← 60분 ☐ 분

☐ 시간 ☐ 분 ☐ 초

게임처럼 즐기는 **연산 놀이터**

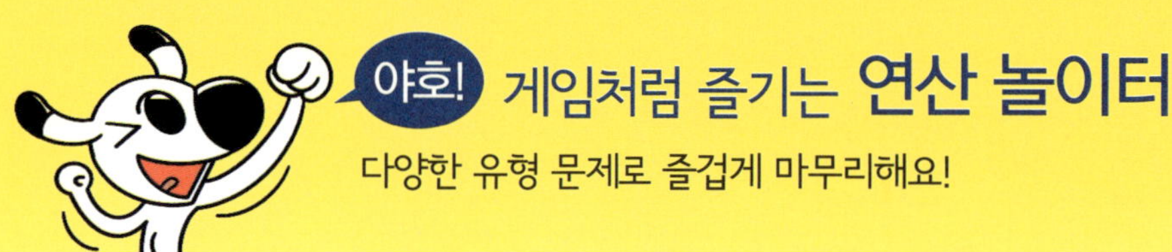

다양한 유형 문제로 즐겁게 마무리해요!

철인 3종 경기가 오전 8시 30분에 시작되었습니다. 수영, 사이클, 마라톤 기록이 다음과 같을 때 각 경기의 도착 시각에 맞게 ☐ 안에 알맞은 수를 써넣으세요.

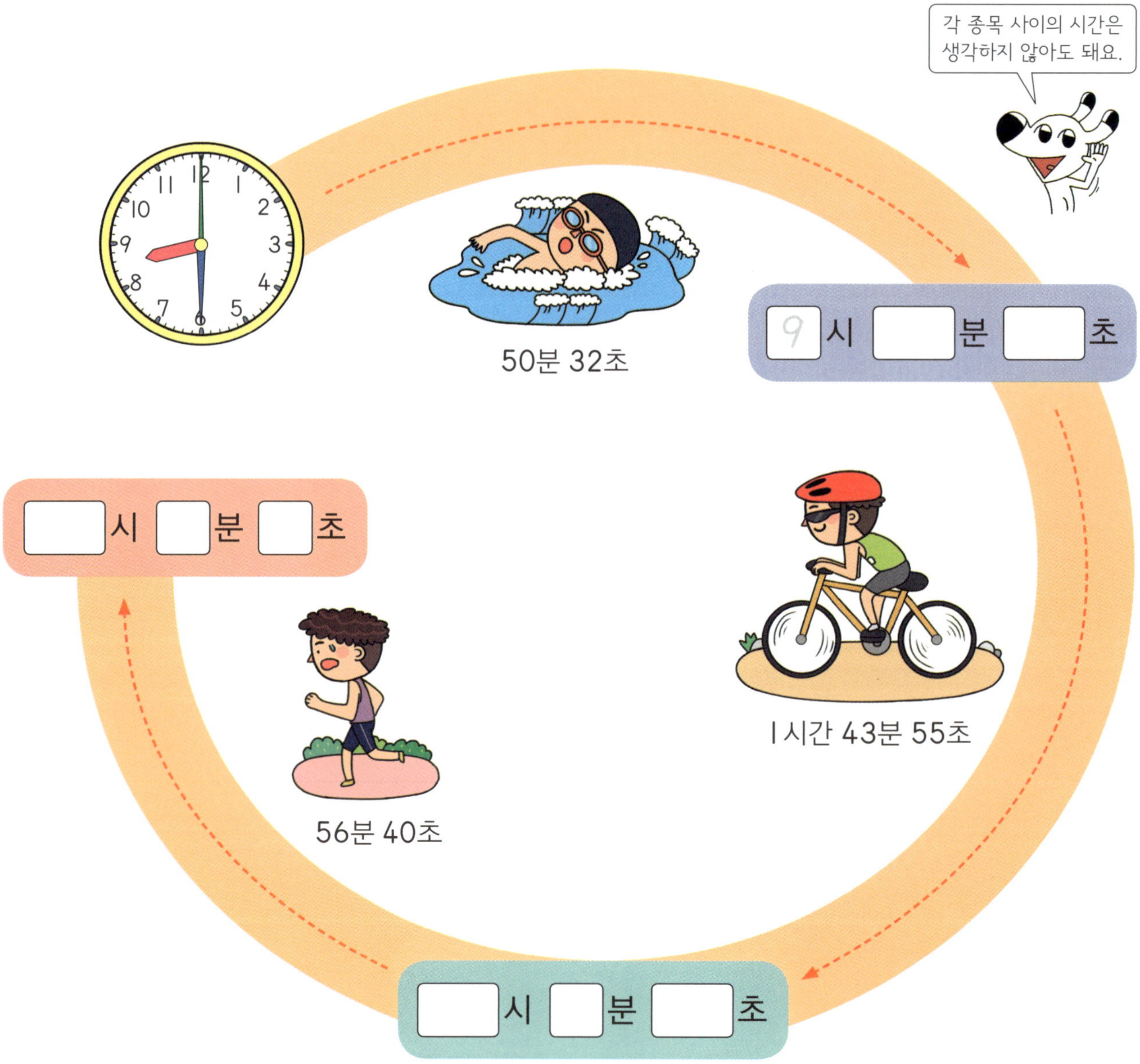

50분 32초

9시 ☐분 ☐초

1시간 43분 55초

☐시 ☐분 ☐초

56분 40초

☐시 ☐분 ☐초

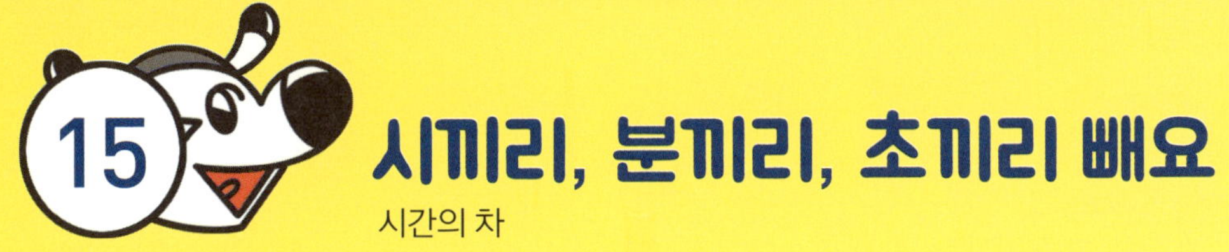

15 시끼리, 분끼리, 초끼리 빼요
시간의 차

🐾 시간의 차를 이용하여 몇 시간 전의 시각을 구해 보세요.

⭐ 5시 40분에서 2시간 10분 전의 시각은 ☐시 ☐분입니다.

시간의 차로 구해요.

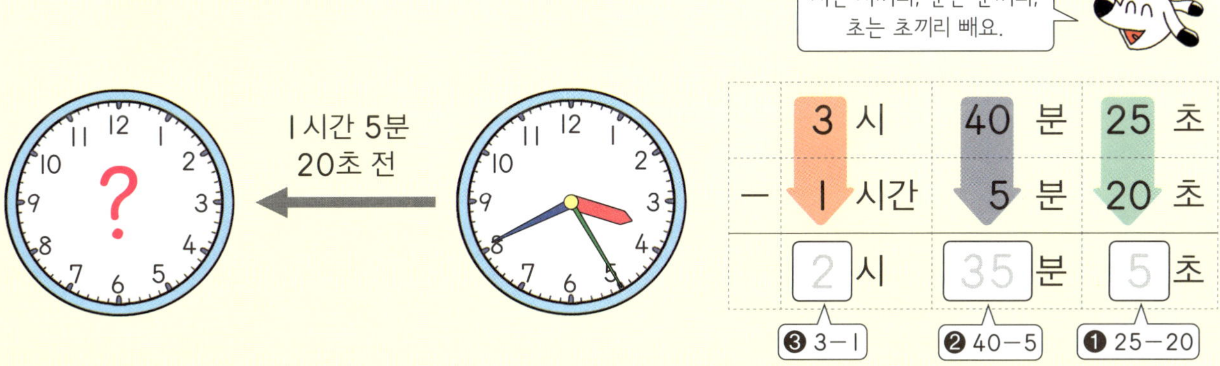

⭐ 3시 40분 25초에서 1시간 5분 20초 전의 시각은 ☐시 ☐분 ☐초입니다.

잠깐! 퀴즈

시간의 차는 시는 (시 , 분)끼리, 분은 (분 , 초)끼리, 초는 (시 , 초)끼리 뺍니다.

정답 시, 분, 초

3시에서 2시간 전의 시각은
(시각)-(시간)=(시각)을 이용하여 구해요.
3시에서 2시간을 빼면 1시예요.

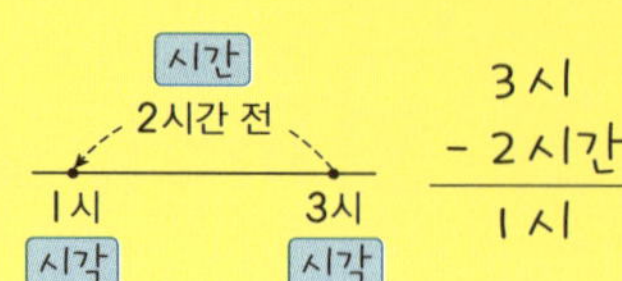

🐾 계산해 보세요.

1

②   ①
```
   2 분   50 초
 -  1 분   20 초
 ───────────────
   1 분   30 초
```

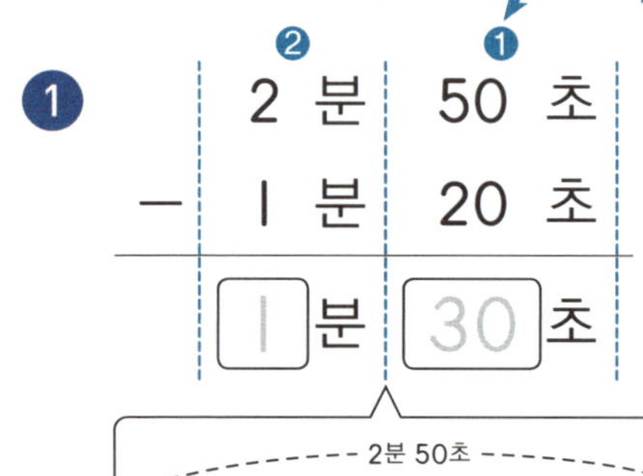

2
```
   14 분   45 초
 -  5 분   35 초
 ───────────────
    □ 분    □ 초
```

3
```
   28 분   52 초
 -  16 분   13 초
 ───────────────
    □ 분    □ 초
```

4
```
   40 분   33 초
 -  31 분   25 초
 ───────────────
    □ 분    □ 초
```


5

②   ①
```
   5 시   25 분
 - 3 시간  10 분
 ───────────────
    □ 시    □ 분
```

6
```
   7 시   50 분
 - 2 시간  42 분
 ───────────────
    □ 시    □ 분
```

7
```
   10 시   34 분
 -  7 시간  18 분
 ───────────────
    □ 시    □ 분
```

8
```
   12 시   43 분
 -  4 시간  26 분
 ───────────────
    □ 시    □ 분
```

시간의 차에서 계산 결과가 0인 시간 단위는 읽지 않아요.
4시 10분 5초-4시간 5분 2초=5분 3초예요.
4-4=0

🐾 **계산해 보세요.**

초 → 분 → 시 순서로
같은 시간 단위끼리 빼요.

1

	③	②	①
	4 시	30 분	12 초
−	2 시간	10 분	3 초
	☐ 시	☐ 분	☐ 초

2

	5 시	21 분	10 초
−	4 시간	15 분	8 초
	☐ 시	☐ 분	☐ 초

3

	8 시	55 분	21 초
−	3 시간	32 분	14 초
	☐ 시	☐ 분	☐ 초

4

	7 시	45 분	30 초
−	1 시간	19 분	25 초
	☐ 시	☐ 분	☐ 초

5

	9 시	37 분	43 초
−	5 시간	18 분	26 초
	☐ 시	☐ 분	☐ 초

6

	6 시	42 분	54 초
−	6 시간	27 분	38 초
	☐	☐ 분	☐ 초

6시에서 6시간을 빼면
6-6=0이니까 비워 둬요.

7

	10 시	43 분	53 초
−	7 시간		9 초
	☐ 시	☐ 분	☐ 초

빼는 수가 없으면 그대로 내려 써요.

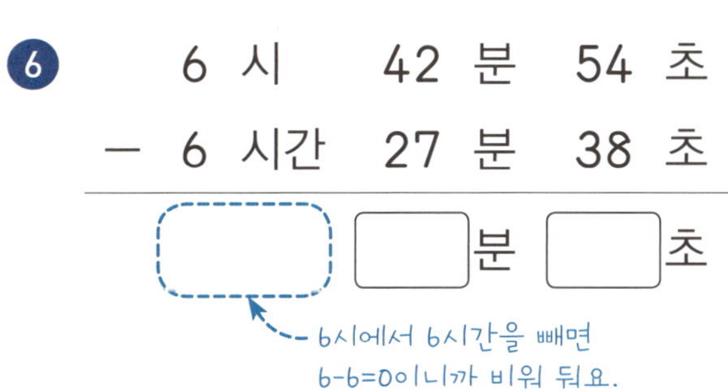

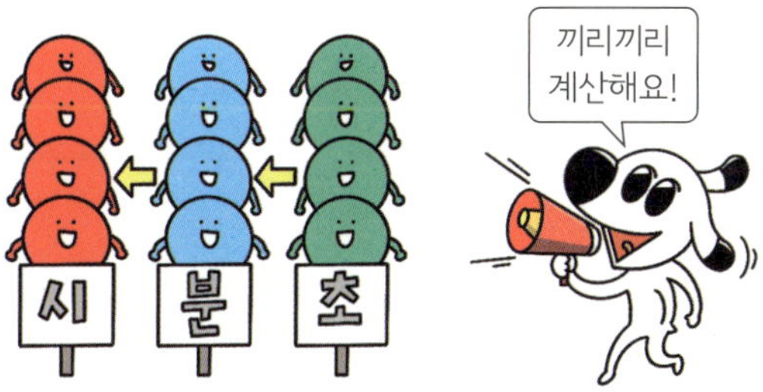

야호! 게임처럼 즐기는 연산 놀이터

다양한 유형 문제로 즐겁게 마무리해요!

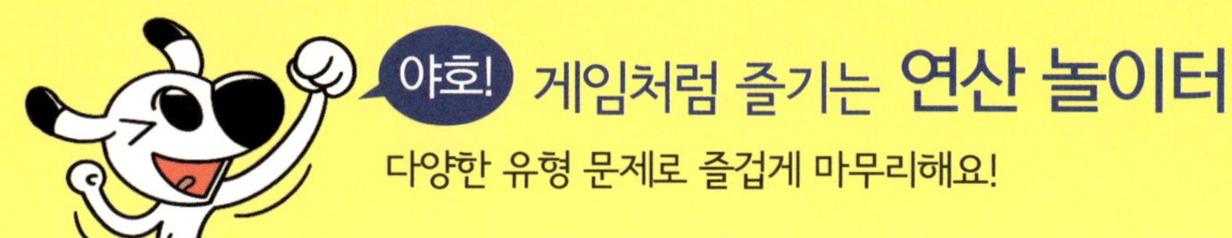

🐾 줄을 따라가면 동물과 짝지은 식을 알 수 있습니다. 계산이 바른 것과 짝지어진 동물을 모두 찾아 이름을 써 보세요.

고양이 토끼 코끼리 사자

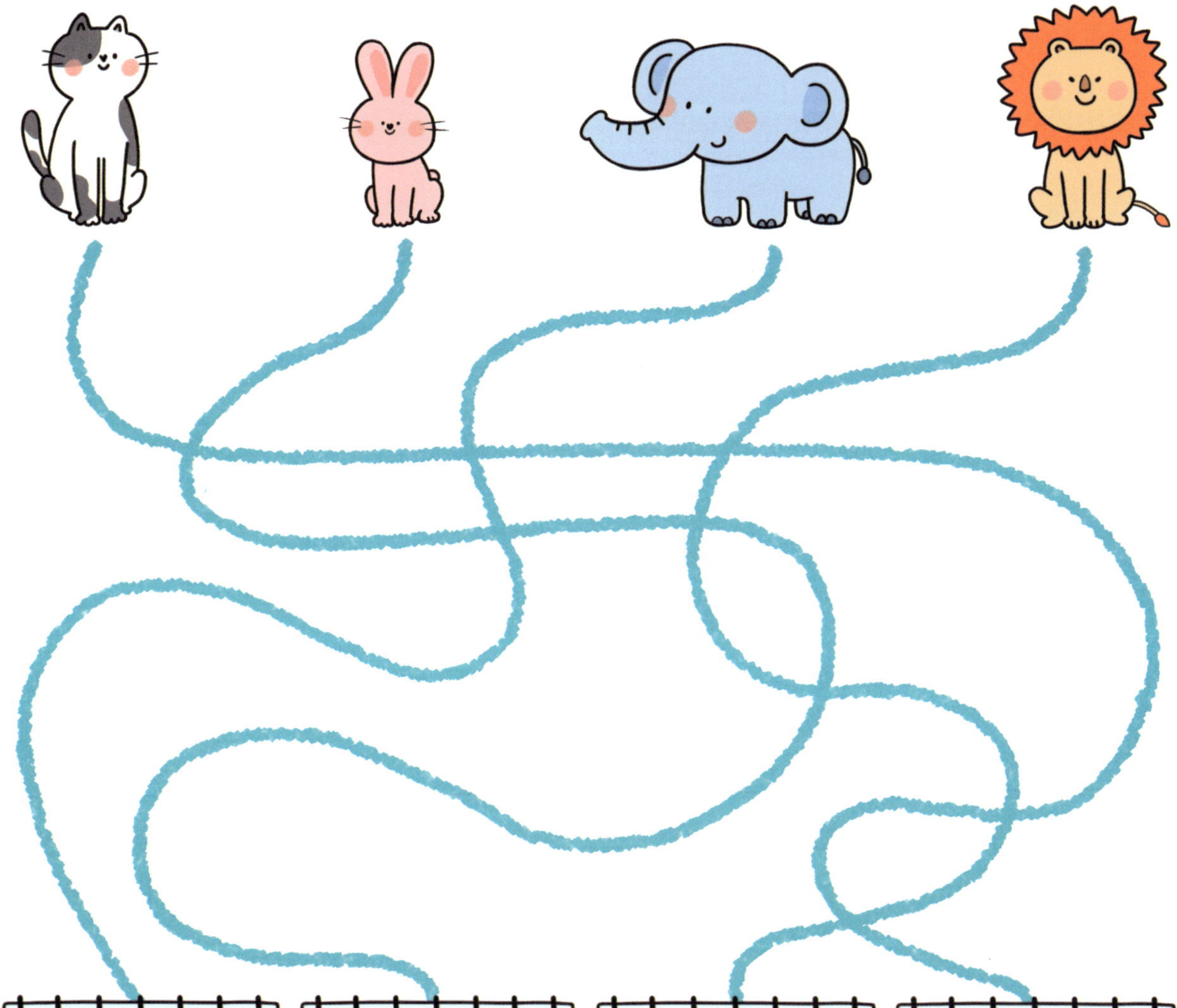

3시 25분 − 2시간 10분 5시 35분	4시 37분 − 1시간 28분 3시 9분	2시 46분 − 19분 27분	5시 52분 − 5시간 34분 18분

계산이 바른 것과 짝지어진 동물: ________, ________

🐾 그림을 보고 시간의 차를 구해 보세요.

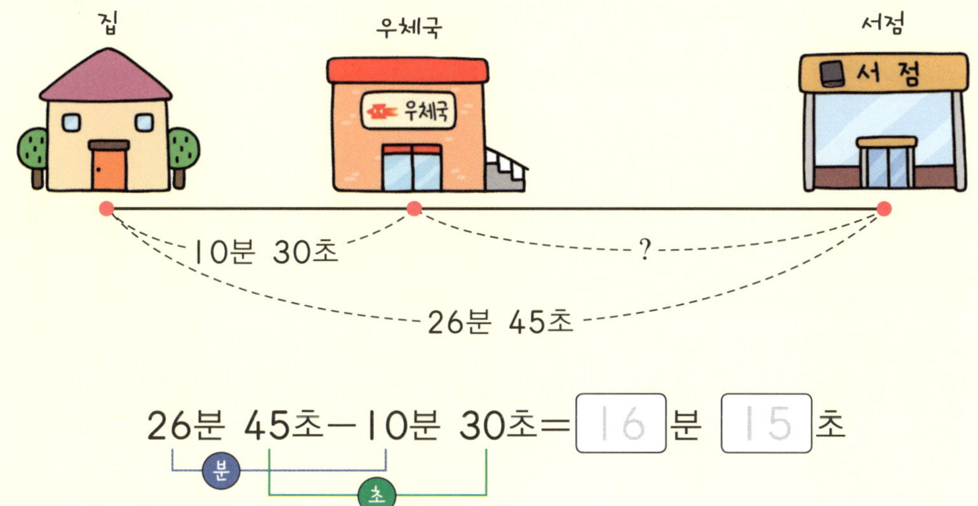

26분 45초 − 10분 30초 = ⏐6 분 ⏐5 초

⭐ 우체국에서 서점까지 가는 데 걸린 시간은 ☐분 ☐초예요.

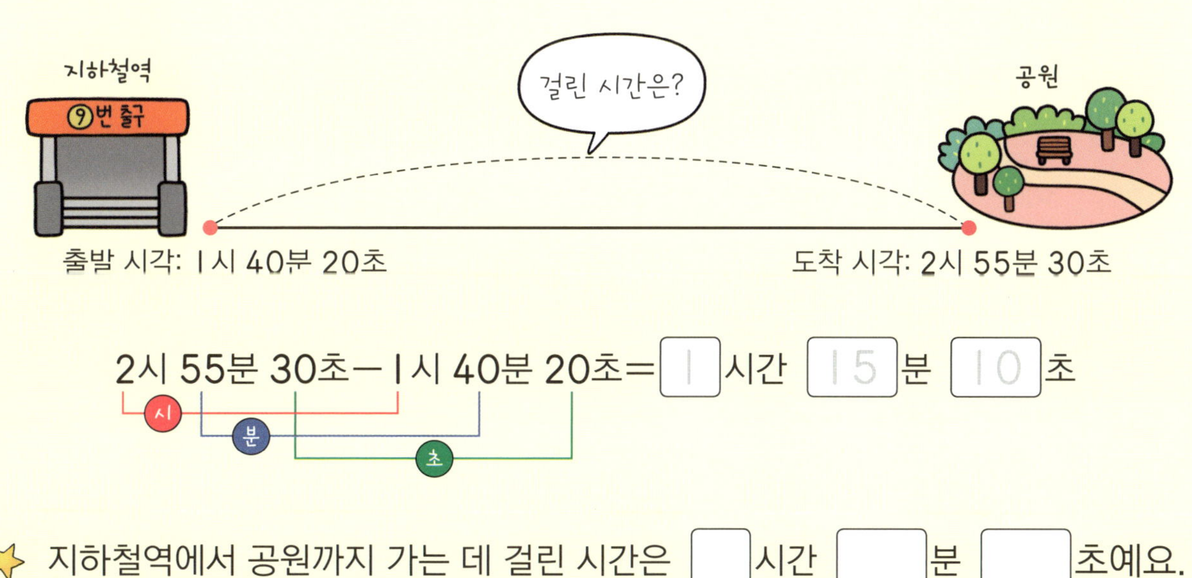

2시 55분 30초 − 1시 40분 20초 = ⏐시간 ⏐5 분 ⏐0 초

⭐ 지하철역에서 공원까지 가는 데 걸린 시간은 ☐시간 ☐분 ☐초예요.

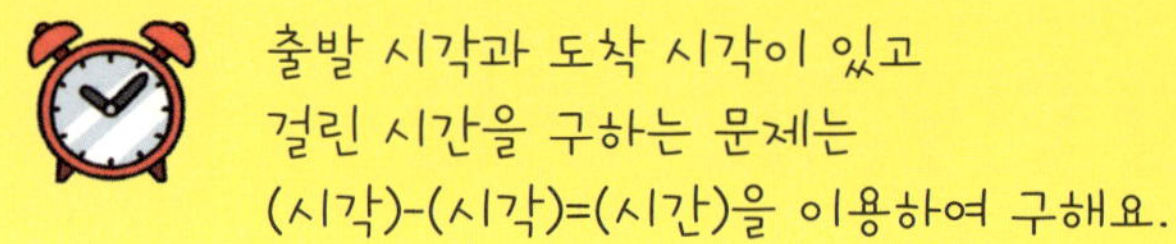

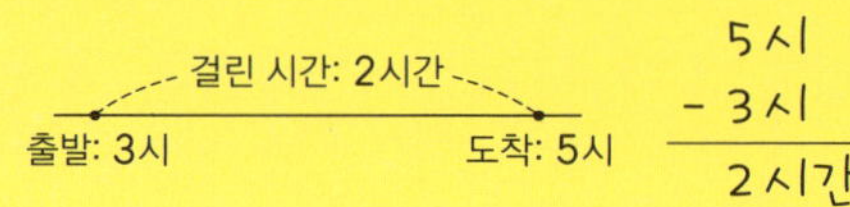

🐾 계산해 보세요.

1 10분 35초−5분 20초= [5] 분 [15] 초

같은 시간 단위끼리 선을 긋고 계산해 보세요.

2 25분 32초−4분 24초= ☐ 분 ☐ 초

3 42분 33초−18분 15초= ☐ 분 ☐ 초

4 5시 45분−1시간 25분= ☐ 시 ☐ 분

5 9시간 36분−7시간 18분= ☐ 시간 ☐ 분

6 8시간 47분−3시간 39분= ☐ 시간 ☐ 분

7 11시 53분−5시 26분= ☐ 시간 ☐ 분

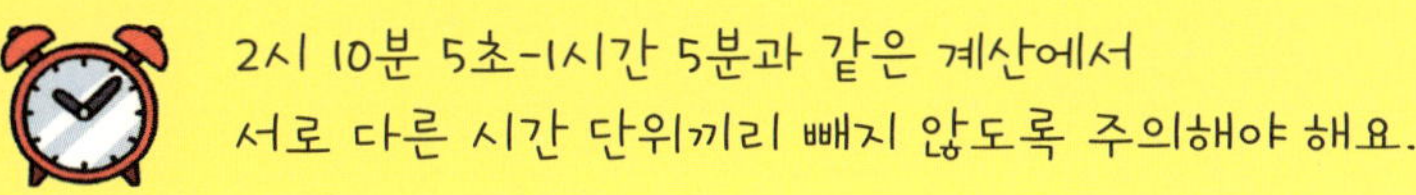

🐾 계산해 보세요.

1 6시 20분 15초−3시 12분 6초=☐시간 ☐분 ☐초

같은 시간 단위끼리 선을
긋고 계산해 보세요.

2 5시 22분 45초−1시 17분 29초=☐시간 ☐분 ☐초

3 4시 35분 55초−2시간 26분 30초=☐시 ☐분 ☐초

4 8시 34분 42초−5시간 15분 15초=☐시 ☐분 ☐초

5 9시간 50분 54초−4시간 39분 38초=☐시간 ☐분 ☐초

앗! 실수

6 8시 36분 10초−3시 10분=☐시간 ☐분 ☐초

같은 시간 단위끼리만
뺄 수 있어요.

	8시	36분	10초
−	3시	10분	

앗! 실수

7 7시간 48분 52초−5시간 45초=☐시간 ☐분 ☐초

그림을 보고 ☐ 안에 알맞은 수를 써넣으세요.

1

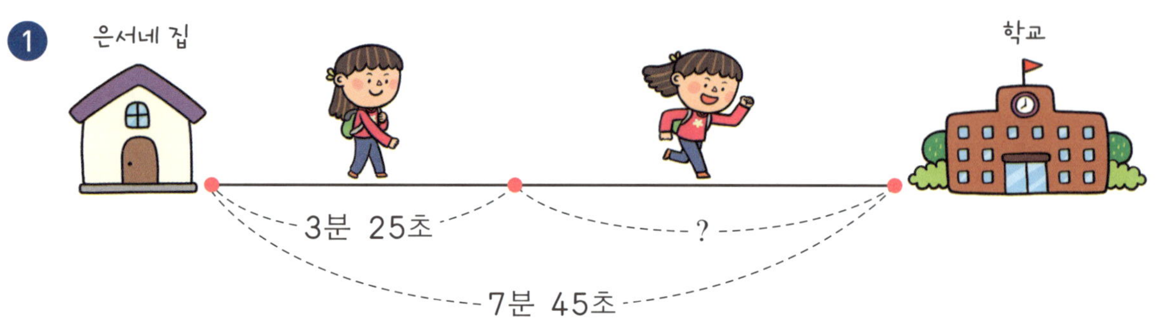

은서가 등굣길에서 달려간 시간은 ☐분 ☐초예요.

2

기차가 서울역에서 부산역까지 가는 데 걸린 시간은 ☐시간 ☐분이에요.

3

토끼가 거북이보다 ☐시간 ☐분 ☐초 더 빨리 도착했어요.

👣 받아내림이 있는 시간의 차를 알아보세요.

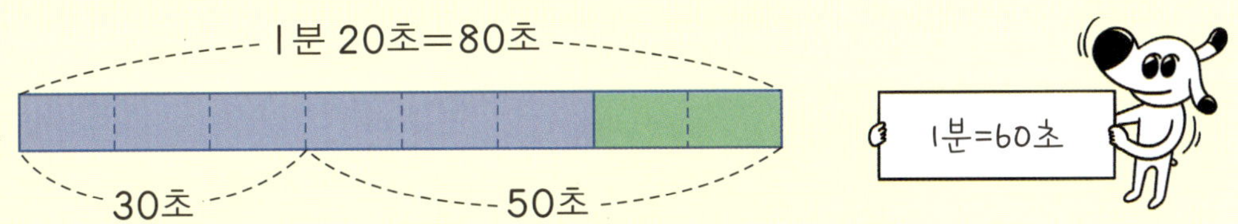

⭐ 1분 20초－30초＝60초＋20초－30초＝ 80 초－30초＝ 초입니다.

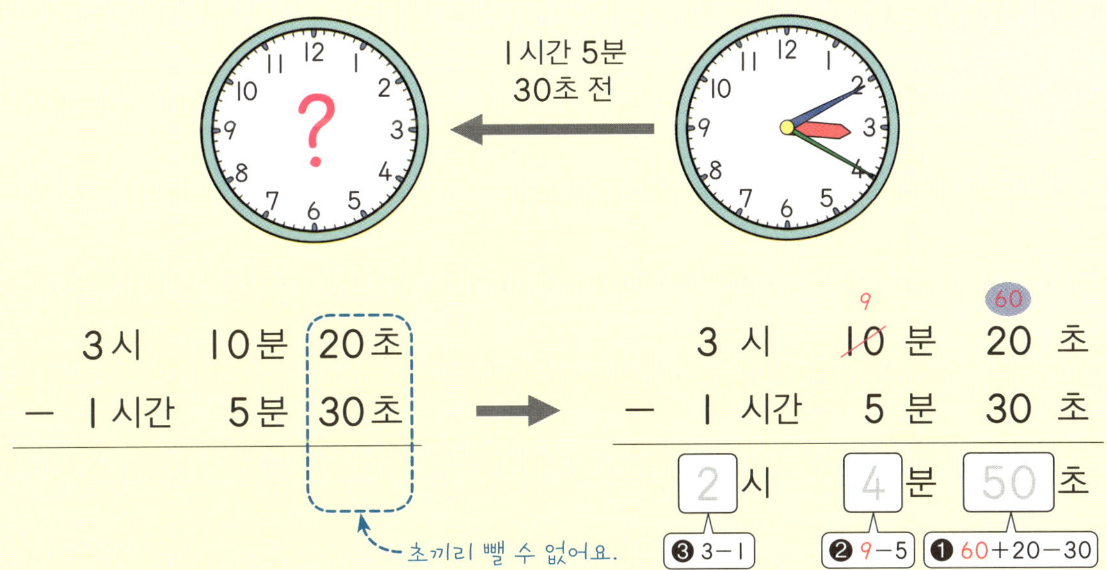

⭐ 초끼리 뺄 수 없으면 1분을 60 초로 받아내림하여 계산합니다.

⭐ 3시 10분 20초에서 1시간 5분 30초 전의 시각은 시 분 초
입니다.

🐾 계산해 보세요.

1

$$4\ \ \ \ 60$$

5 분 20 초
－ 　 40 초

4 분 40 초

2

7 분 15 초
－ 　 30 초

☐ 분 ☐ 초

3

10 분 25 초
－ 2 분 50 초

☐ 분 ☐ 초

4

13 분 32 초
－ 8 분 45 초

☐ 분 ☐ 초

5

21 분 17 초
－ 15 분 37 초

☐ 분 ☐ 초

6

30 분 16 초
－ 20 분 38 초

☐ 분 ☐ 초

7

52 분 49 초
－ 36 분 54 초

☐ 분 ☐ 초

8

41 분 46 초
－ 18 분 57 초

☐ 분 ☐ 초

시간의 차에서 계산 결과가 0인 시간 단위는 읽지 않아요.
2시 10분 5초-1시간 9분 10초=2시 9분 65초-1시간 9분 10초=1시 55초예요.
9분+60초+5초

🐾 계산해 보세요.

①
```
   4 시  9 분  37 초
 -      3 분  50 초
  ────────────────
  [  ]시 [  ]분 [  ]초
```

②
```
   6 시간  30 분  15 초
 -        20 분  57 초
  ───────────────────
  [  ]시간 [  ]분 [  ]초
```

③
```
   5 시  22 분  24 초
 -      14 분  49 초
  ────────────────
  [  ]시 [  ]분 [  ]초
```

④
```
   8 시간  45 분  33 초
 -        26 분  58 초
  ───────────────────
  [  ]시간 [  ]분 [  ]초
```

⑤
```
     3 시   15 분  10 초
 - 1 시간    4 분  55 초
  ──────────────────────
  [  ]시 [  ]분 [  ]초
```

⑥
```
   4 시   25 분  23 초
 - 3 시   10 분  40 초
  ────────────────────
  [  ]시간 [  ]분 [  ]초
```

⑦
```
   7 시    42 분  19 초
 - 5 시간  28 분  37 초
  ─────────────────────
  [  ]시 [  ]분 [  ]초
```

⑧
```
   9 시   34 분  32 초
 - 2 시   33 분  50 초
  ────────────────────
  [  ]시간 [      ] [  ]초
```

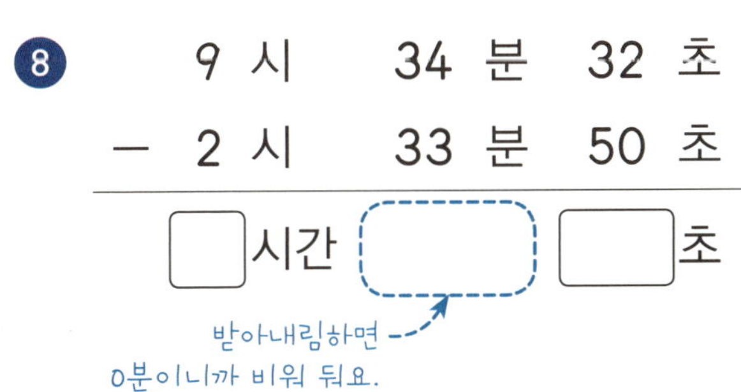

🐾 계산해 보세요.

1

	5 시	10 분	32 초
−	4 시간	3 분	55 초
	☐ 시	☐ 분	☐ 초

2

	7 시간	21 분	41 초
−	3 시간	10 분	51 초
	☐ 시간	☐ 분	☐ 초

3

	6 시	15 분	30 초
−	5 시간	7 분	46 초
	☐ 시	☐ 분	☐ 초

4

	8 시간	26 분	10 초
−	6 시간	16 분	28 초
	☐ 시간	☐ 분	☐ 초

5

	9 시	35 분	45 초
−	3 시	26 분	56 초
	☐ 시간	☐ 분	☐ 초

6

	10 시간	42 분	32 초
−	2 시간	29 분	54 초
	☐ 시간	☐ 분	☐ 초

7

	11 시	58 분	55 초
−	5 시	38 분	59 초
	☐ 시간	☐ 분	☐ 초

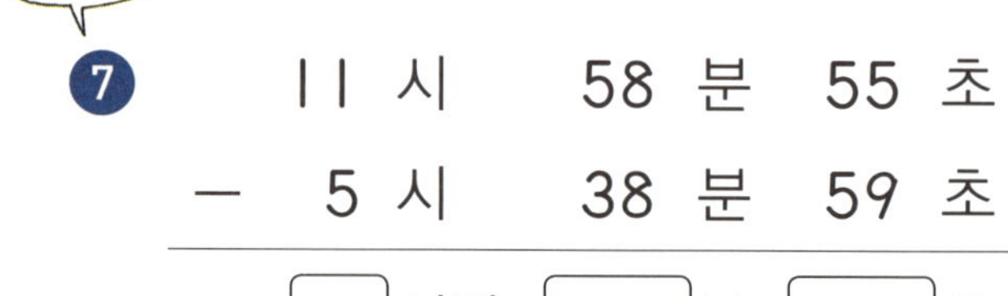

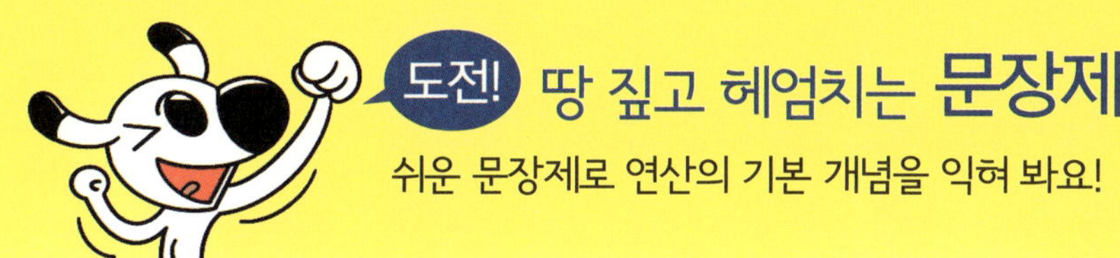

🐾 지금 시각을 보고 출발 시각을 구하려 합니다. ☐ 안에 알맞은 수를 써넣으세요.

1

비행기가 5분 10초 전에 출발했다면

출발 시각은 ☐ 시 ☐ 분 ☐ 초예요.

2

기차가 1시간 15분 30초 전에 출발했다면

출발 시각은 ☐ 시 ☐ 분 ☐ 초예요.

3

여객선이 2시간 8분 25초 전에 출발했다면

출발 시각은 ☐ 시 ☐ 분 ☐ 초예요.

🐾 받아내림이 있는 시간의 차를 알아보세요.

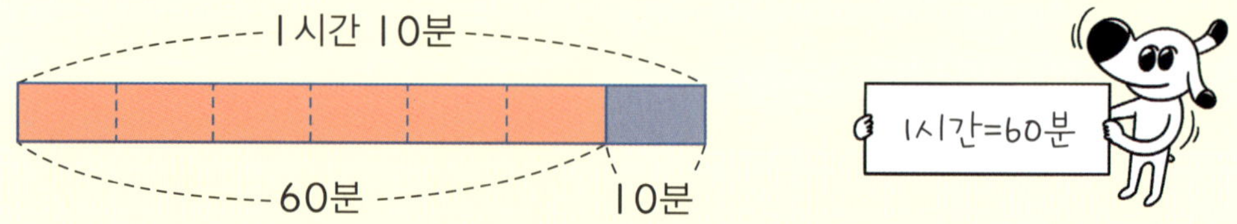

⭐ 1시간 10분－15분＝60분＋10분－15분＝ 70 분－15분＝ ☐ 분입니다.

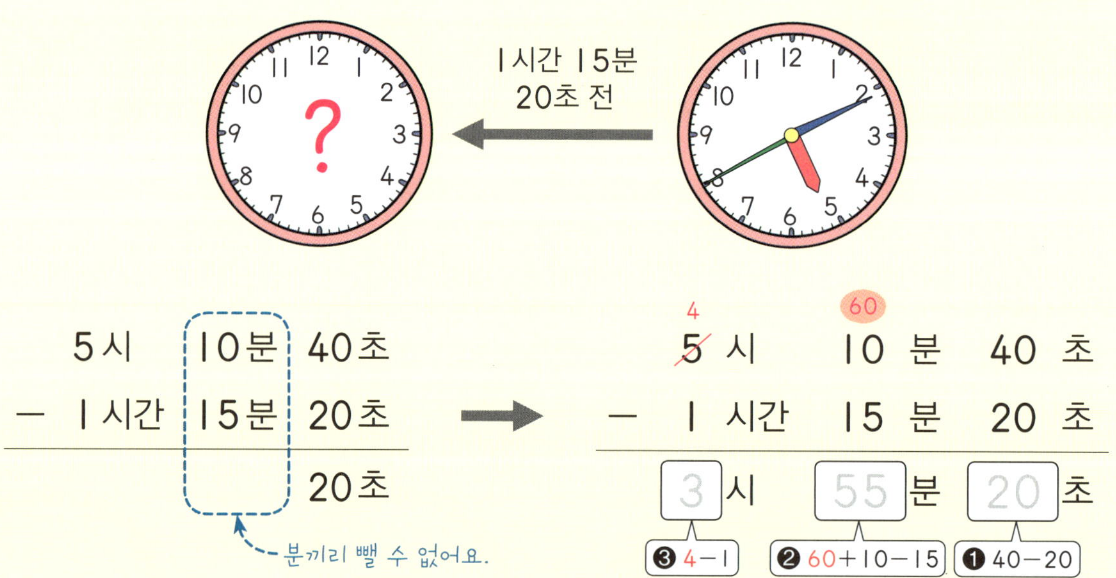

⭐ 분끼리 뺄 수 없으면 1시간을 60 분으로 받아내림하여 계산합니다.

⭐ 5시 10분 40초에서 1시간 15분 20초 전의 시각은 ☐시 ☐분 ☐초
입니다.

분끼리 뺄 수 없으면 1시간을 60분으로 받아내림해요.

3시 10분에서 20분 전의 시각은 3시 10분−20분=2시 70분−20분=2시 50분이에요.
2시+60분+10분

🐾 계산해 보세요.

1

    2   60
  3 시   20 분
−   30 분
= 2 시 50 분

2

6 시   15 분
−   20 분
= ☐ 시 ☐ 분

3

4 시   17 분
− 2 시간   25 분
= ☐ 시 ☐ 분

4

7 시   35 분
− 4 시간   50 분
= ☐ 시 ☐ 분

5

5 시간   28 분
− 3 시간   45 분
= ☐ 시간 ☐ 분

6

9 시간   39 분
− 7 시간   43 분
= ☐ 시간 ☐ 분

7

8 시   35 분
− 5 시   58 분
= ☐ 시간 ☐ 분

8

10 시   42 분
− 3 시   54 분
= ☐ 시간 ☐ 분

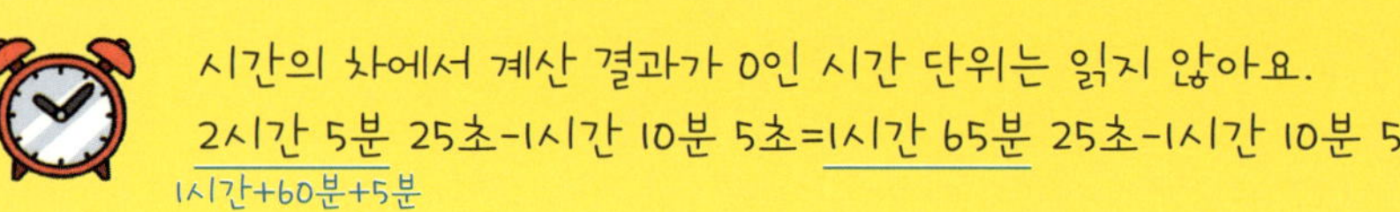

계산해 보세요.

①

	4 시	10 분	27 초
−		20 분	10 초
	☐ 시	☐ 분	☐ 초

②

	7 시간	25 분	52 초
−		45 분	8 초
	☐ 시간	☐ 분	☐ 초

③

	5 시	33 분	42 초
−		50 분	23 초
	☐ 시	☐ 분	☐ 초

④

	8 시간	24 분	33 초
−		49 분	14 초
	☐ 시간	☐ 분	☐ 초

⑤

	6 시	20 분	40 초
−	3 시간	40 분	15 초
	☐ 시	☐ 분	☐ 초

⑥

	7 시	18 분	53 초
−	2 시	35 분	46 초
	☐ 시간	☐ 분	☐ 초

⑦

	10 시	37 분	45 초
−	4 시간	38 분	35 초
	☐ 시	☐ 분	☐ 초

⑧

	9 시	38 분	54 초
−	8 시	49 분	15 초
	☐	☐ 분	☐ 초

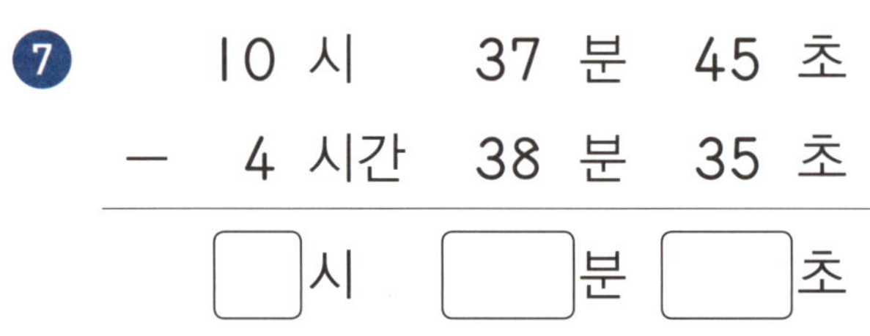
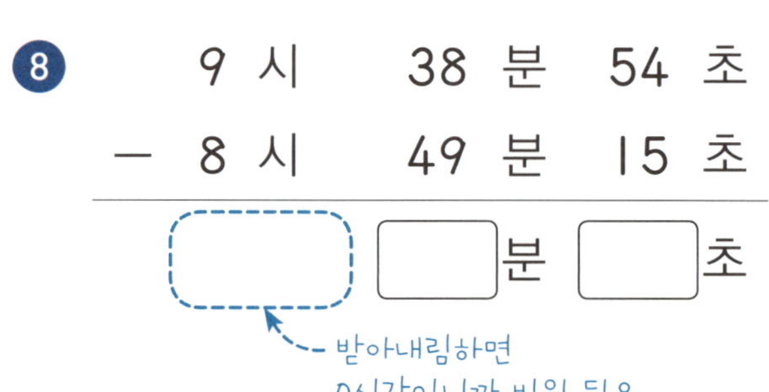

🐾 계산해 보세요.

1

	5 시	18 분	55 초
−	2 시간	25 분	35 초

☐ 시 ☐ 분 ☐ 초

2

	7 시간	23 분	35 초
−	5 시간	42 분	24 초

☐ 시간 ☐ 분 ☐ 초

3

	6 시	30 분	46 초
−	1 시간	58 분	30 초

☐ 시 ☐ 분 ☐ 초

4

	9 시간	37 분	51 초
−	7 시간	50 분	47 초

☐ 시간 ☐ 분 ☐ 초

5

	8 시	43 분	52 초
−	5 시	46 분	35 초

☐ 시간 ☐ 분 ☐ 초

6

	10 시간	49 분	34 초
−	6 시간	57 분	16 초

☐ 시간 ☐ 분 ☐ 초

7

	12 시	55 분	42 초
−	4 시	56 분	39 초

☐ 시간 ☐ 분 ☐ 초

게임처럼 즐기는 연산 놀이터

다양한 유형 문제로 즐겁게 마무리해요!

🐾 유찬이의 오후 일과입니다. 맨 아래에서부터 ☐ 안에 알맞은 수를 써넣으세요.

☐시 ☐분에
학교에서 나왔어요.

55분 전

☐시 ☐분에
시소에 올라탔어요.

2시간 30분 전

☐시 ☐분에
숙제를 시작했어요.

50분 전

7시 I0분에
저녁 식사를 했어요.

19. 1분은 60초, 1시간은 60분으로 받아내림해요

받아내림이 있는 시간의 차

🐾 받아내림이 2번 있는 시간의 차를 알아보세요.

50분 40초 전

$$
\begin{array}{cccc}
 & 9\text{시} & \overset{14}{\cancel{15}}\text{분} & \overset{60}{30}\text{초} \\
- & & 50\text{분} & 40\text{초} \\
\hline
 & & & \boxed{50}\text{초}
\end{array}
$$

❶ 60+30−40

$$
\begin{array}{cccc}
 & \overset{8}{\cancel{9}}\text{시} & \overset{\overset{60}{14}}{\cancel{15}}\text{분} & \overset{60}{30}\text{초} \\
- & & 50\text{분} & 40\text{초} \\
\hline
 & \boxed{8}\text{시} & \boxed{24}\text{분} & \boxed{50}\text{초}
\end{array}
$$

❸ 8   ❷ 60+14−50

⭐ 초끼리 뺄 수 없으면 1분을 $\boxed{60}$ 초로, 분끼리 뺄 수 없으면

1시간을 $\boxed{60}$ 분으로 받아내림하여 계산합니다.

⭐ 9시 15분 30초에서 50분 40초 전의 시각은

$\boxed{}$시 $\boxed{}$분 $\boxed{}$초입니다.

🐾 계산해 보세요.

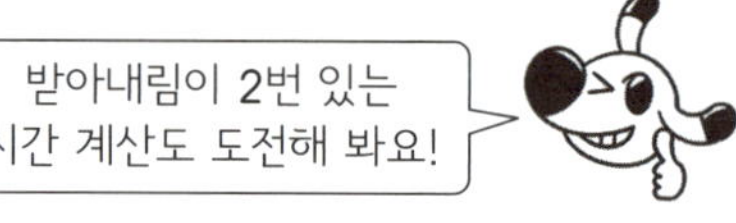

①

```
      3 시   7 분   10 초
  −          10 분   25 초
  ─────────────────────────
     □ 시   □ 분   □ 초
```

②

```
      4 시간  16 분   20 초
  −          45 분   30 초
  ─────────────────────────
     □ 시간  □ 분   □ 초
```

③

```
      5 시   21 분   18 초
  −          35 분   20 초
  ─────────────────────────
     □ 시   □ 분   □ 초
```

④

```
      6 시간  19 분   33 초
  −          26 분   50 초
  ─────────────────────────
     □ 시간  □ 분   □ 초
```

⑤

```
      7 시   28 분   30 초
  −          39 분   55 초
  ─────────────────────────
     □ 시   □ 분   □ 초
```

⑥

```
      8 시간  32 분   40 초
  −          54 분   43 초
  ─────────────────────────
     □ 시간  □ 분   □ 초
```

⑦

```
      9 시   46 분   52 초
  −          46 분   55 초
  ─────────────────────────
     □ 시   □ 분   □ 초
```

⑧

```
      10 시간  41 분   36 초
  −           49 분   37 초
  ─────────────────────────
     □ 시간  □ 분   □ 초
```

1분을 100초로, 1시간을 100분으로 받아내림하지 않도록 주의해요.
1분을 60초로, 1시간을 60분으로 받아내림해야 돼요.

🐾 계산해 보세요.

①

	4 시	3 분	20 초
−	1 시간	10 분	45 초
	☐ 시	☐ 분	☐ 초

②

	8 시간	33 분	25 초
−	5 시간	52 분	34 초
	☐ 시간	☐ 분	☐ 초

③

	5 시	41 분	15 초
−	3 시간	45 분	57 초
	☐ 시	☐ 분	☐ 초

④

	6 시간	20 분	40 초
−	2 시간	58 분	58 초
	☐ 시간	☐ 분	☐ 초

⑤

	7 시	22 분	45 초
−	4 시간	30 분	54 초
	☐ 시	☐ 분	☐ 초

⑥

	9 시	43 분	15 초
−	2 시	55 분	56 초
	☐ 시간	☐ 분	☐ 초

⑦

	10 시	37 분	46 초
−	8 시간	38 분	51 초
	☐ 시	☐ 분	☐ 초

⑧

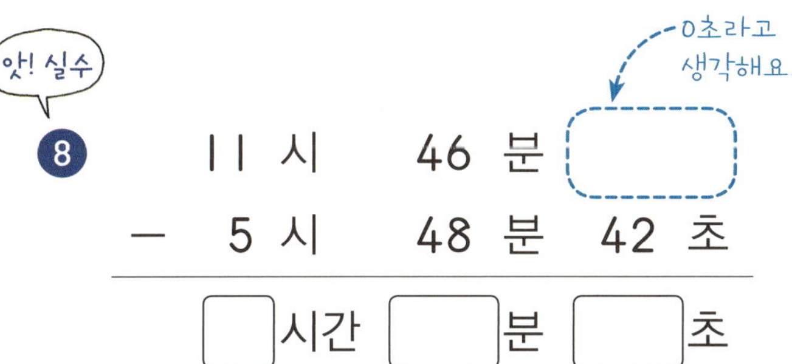

	11 시	46 분	
−	5 시	48 분	42 초
	☐ 시간	☐ 분	☐ 초

🐾 계산해 보세요.

①

	6 시	25 분	50 초
−	4 시간	34 분	55 초
	☐ 시	☐ 분	☐ 초

②

	7 시간	51 분	38 초
−	3 시간	54 분	46 초
	☐ 시간	☐ 분	☐ 초

③

	5 시	13 분	41 초
−	2 시간	47 분	50 초
	☐ 시	☐ 분	☐ 초

④

	8 시간	45 분	47 초
−	1 시간	52 분	58 초
	☐ 시간	☐ 분	☐ 초

⑤

	9 시	42 분	20 초
−	7 시	56 분	52 초
	☐ 시간	☐ 분	☐ 초

⑥

	10 시간	24 분	54 초
−	2 시간	50 분	55 초
	☐ 시간	☐ 분	☐ 초

⑦

	12 시	59 분	53 초
−	5 시	59 분	56 초
	☐ 시간	☐ 분	☐ 초

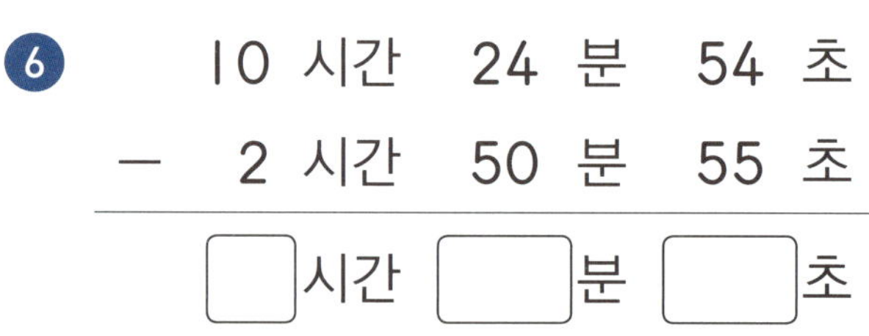

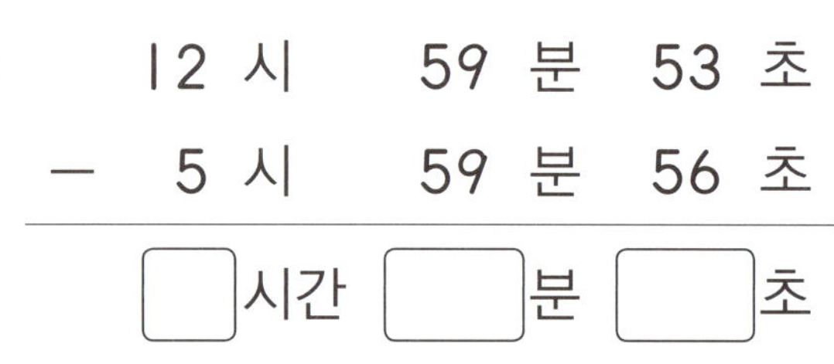

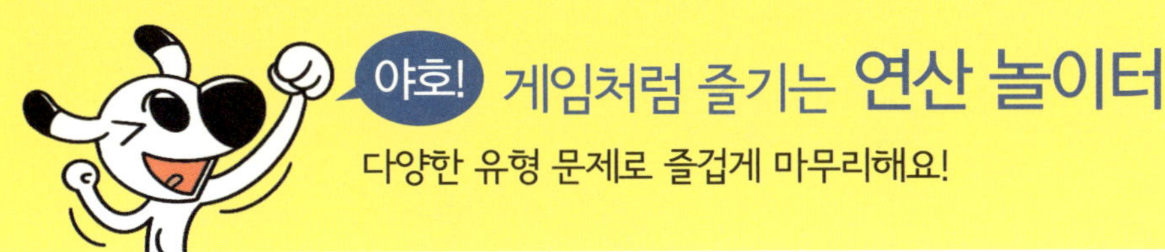

다음은 경기를 시작한 시각과 끝낸 시각을 나타낸 것입니다. 가장 오랫동안 진행한 경기의 이름을 써 보세요.

가장 오랫동안 진행한 경기: _________________

셋째
마당

들이와 무게 계산

빠독이를 따라
이상한 들이와 무게
나라를 탈출해
보아요.

오늘 공부한
단계를 색칠해
보세요!

20
21
22
23

하하하
와우~

도착

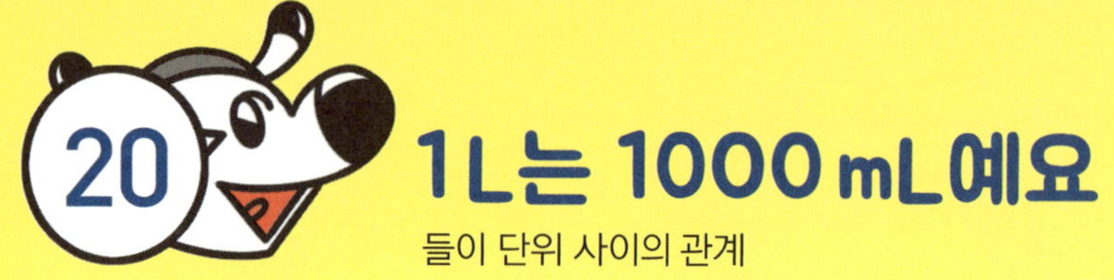

20 1L는 1000 mL예요

들이 단위 사이의 관계

🐾 들이 단위 L, mL를 알아보세요.

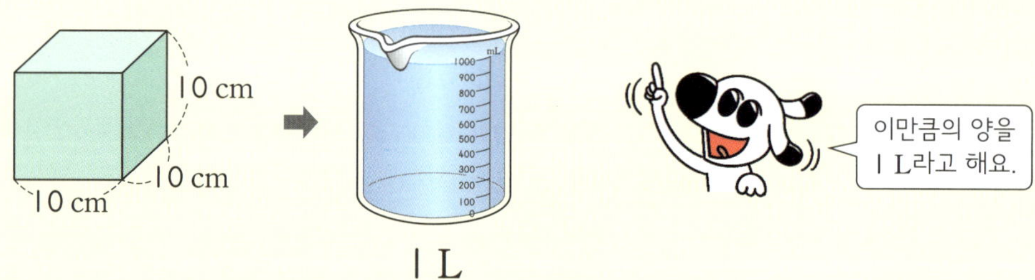

⭐ 들이를 재는 단위에는 리터와 밀리리터 등이 있습니다.

1 리터는 1 $\boxed{L}$, 1 밀리리터는 1 $\boxed{mL}$ 라고 씁니다.

⭐ 1 L는 $\boxed{1000}$ mL와 같습니다.

⭐ 1 L보다 500 mL 더 많은 들이를 1 $\boxed{L}$ 500 $\boxed{mL}$ 라 쓰고

1 $\boxed{리터}$ 500 $\boxed{밀리리터}$ 라고 읽습니다.

⭐ 1 L 500 mL = 1 L + 500 mL

$\qquad = \boxed{}$ mL + 500 mL = $\boxed{}$ mL

| L=1000 mL이므로 2 L=2000 mL, 3 L=3000 mL, 4 L=4000 mL······예요.

➡ ■ L=■ 000 mL

🐾 ☐ 안에 알맞은 수를 써넣으세요.

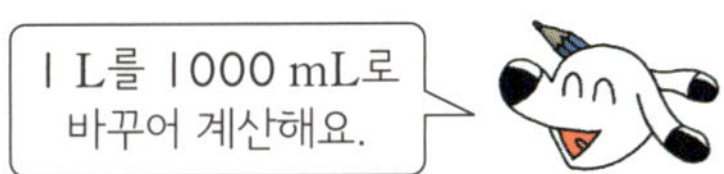

1 | L = 1000 mL

2 2 L = ☐ mL

3 4 L = ☐ mL

4 6 L = ☐ mL

5 7 L = ☐ mL

6 9 L = ☐ mL

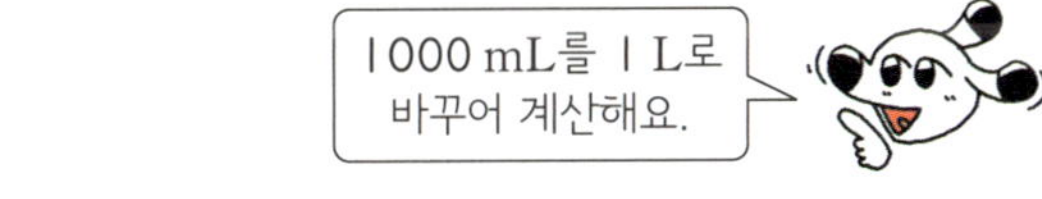

7 1000 mL = | L

8 3000 mL = ☐ L

9 5000 mL = ☐ L

10 8000 mL = ☐ L

11 9000 mL = ☐ L

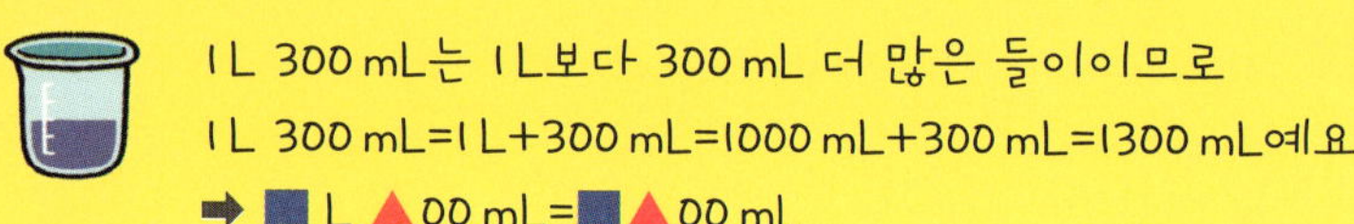

🐾 ☐ 안에 알맞은 수를 써넣으세요.

1 1 L 200 mL = [1200] mL

    1 L+200 mL=1000 mL+200 mL

2 2 L 500 mL = ☐ mL

3 1 L 800 mL = ☐ mL

4 3 L 300 mL = ☐ mL

5 2 L 900 mL = ☐ mL

6 4 L 650 mL = ☐ mL

7 5 L 350 mL = ☐ mL

8 7 L 640 mL = ☐ mL

9 9 L 830 mL = ☐ mL

10 8 L 90 mL = ☐ mL

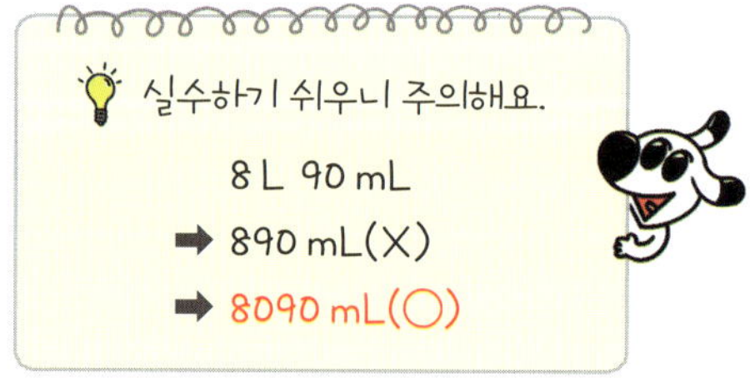

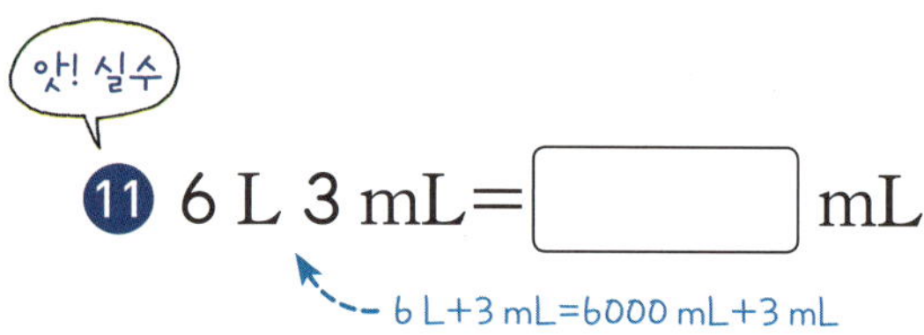

11 6 L 3 mL = ☐ mL

    6 L+3 mL=6000 mL+3 mL

108

1200 mL는 1000 mL보다 200 mL 더 많은 들이이므로
1200 mL=1000 mL+200 mL=1 L+200 mL=1 L 200 mL예요.

🐾 ☐ 안에 알맞은 수를 써넣으세요.

① 1500 mL = ☐1☐ L ☐500☐ mL
1000 500

② 2300 mL = ☐2☐ L ☐☐ mL
2000 300

③ 3700 mL = ☐☐ L ☐☐ mL

④ 5100 mL = ☐☐ L ☐☐ mL

⑤ 7400 mL = ☐☐ L ☐☐ mL

⑥ 4950 mL = ☐☐ L ☐☐ mL

⑦ 5840 mL = ☐☐ L ☐☐ mL

⑧ 6420 mL = ☐☐ L ☐☐ mL

⑨ 7480 mL = ☐☐ L ☐☐ mL

⑩ 9760 mL = ☐☐ L ☐☐ mL

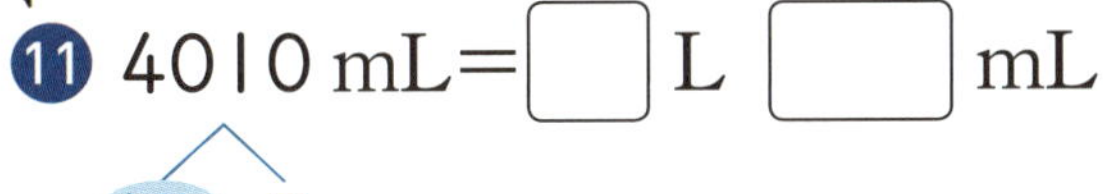

⑪ 4010 mL = ☐☐ L ☐☐ mL
4000 10

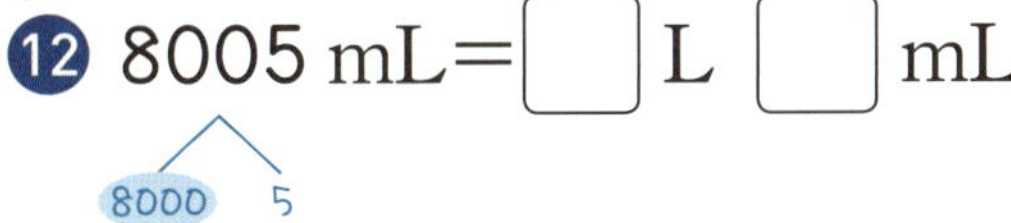

⑫ 8005 mL = ☐☐ L ☐☐ mL
8000 5

🐾 문장을 읽고 알맞은 들이 단위에 ◯표 하세요.

1 우유갑의 들이는 500 (mL , L)예요.

2 주전자에 물을 가득 담으면 약 2 (mL , L)예요.

3 다은이는 아침에 주스를 220 (mL , L) 마셨어요.

4 세숫대야의 들이는 약 3 (mL , L)예요.

5 욕조의 들이는 약 65 (mL , L)예요.

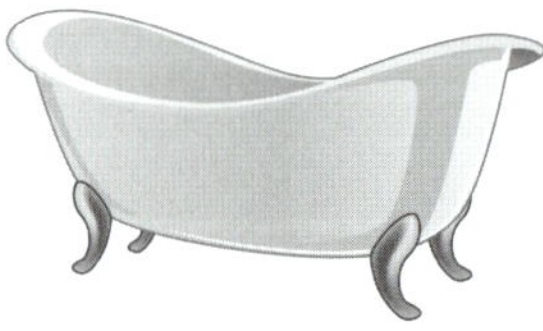

6 2 L보다 400 mL 더 많은 들이는 2 (mL , L) 400 (mL , L)예요.

7 1 L보다 50 mL 더 많은 들이는 1050 (mL , L)예요.

🐾 그림을 보고 들이의 합과 차를 알아보세요.

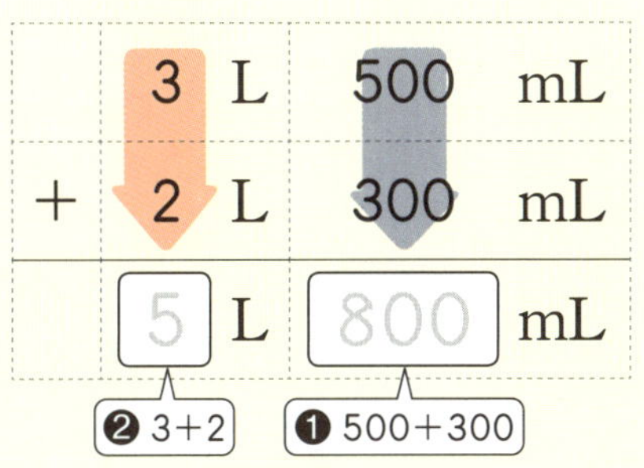

⭐ 들이의 합을 구할 때는 L는 [L]끼리, mL는 [mL]끼리 더합니다.

⭐ 두 양동이에 담긴 물의 들이의 합은 [ ] L [   ] mL입니다.

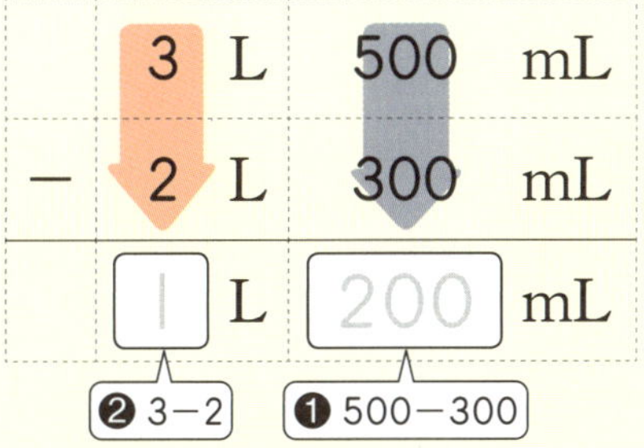

2 L 300 mL

⭐ 들이의 차를 구할 때는 L는 [L]끼리, mL는 [mL]끼리 뺍니다.

⭐ 두 양동이에 담긴 물의 들이의 차는 [ ] L [   ] mL입니다.

들이의 계산은 L는 (mL , L)끼리, mL는 (mL , L)끼리 계산합니다.

정답 L, mL

 들이의 합을 구할 때는 L는 L끼리, mL는 mL끼리 더해요.

🐾 계산해 보세요.

1
```
      ❷        ❶
     2  L   100  mL
  +  1  L   300  mL
  ─────────────────────
     3  L   400  mL
```

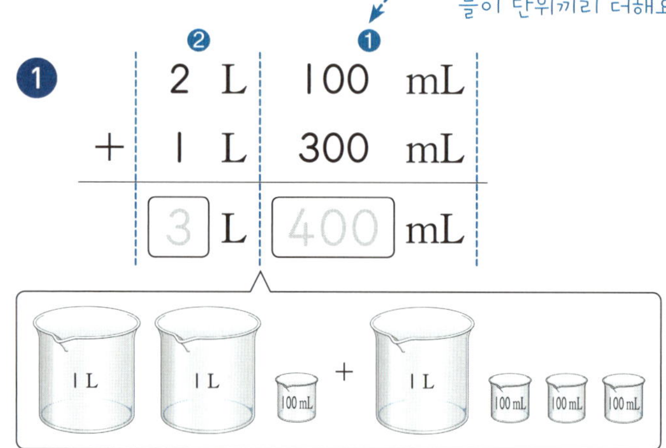

2
```
     5  L   150  mL
  +  2  L   700  mL
  ─────────────────────
     □  L    □    mL
```

3
```
     3  L   520  mL
  +  4  L    50  mL
  ─────────────────────
     □  L    □    mL
```

4
```
     7  L   210  mL
  +  8  L   470  mL
  ─────────────────────
     □  L    □    mL
```

5
```
    10  L   240  mL
  +  7  L   280  mL
  ─────────────────────
     □  L    □    mL
```

6
```
    13  L   170  mL
  +  6  L   650  mL
  ─────────────────────
     □  L    □    mL
```

7
```
    17  L   460  mL
  +         470  mL
  ─────────────────────
     □  L    □    mL
```


8
```
    25  L   290  mL
  + 19  L   540  mL
  ─────────────────────
     □  L    □    mL
```

112

 들이의 차를 구할 때는 L는 L끼리, mL는 mL끼리 빼요.

🐾 계산해 보세요.

mL → L 순서로 같은
들이 단위끼리 빼요.

①

$$
\begin{array}{r}
2\ \text{L}\quad 300\ \text{mL} \\
-\ 1\ \text{L}\quad 200\ \text{mL} \\
\hline
1\ \text{L}\quad 100\ \text{mL}
\end{array}
$$

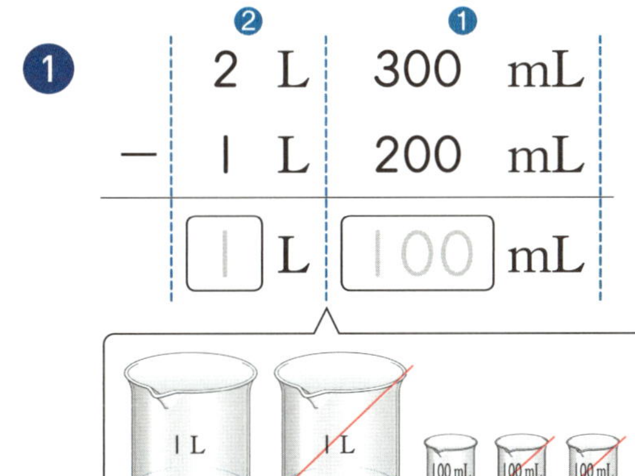

②

$$
\begin{array}{r}
6\ \text{L}\quad 700\ \text{mL} \\
-\ 4\ \text{L}\quad 500\ \text{mL} \\
\hline
\boxed{\ }\ \text{L}\quad \boxed{\ }\ \text{mL}
\end{array}
$$

③

$$
\begin{array}{r}
5\ \text{L}\quad 350\ \text{mL} \\
-\ 2\ \text{L}\quad 20\ \text{mL} \\
\hline
\boxed{\ }\ \text{L}\quad \boxed{\ }\ \text{mL}
\end{array}
$$

④

$$
\begin{array}{r}
8\ \text{L}\quad 460\ \text{mL} \\
-\ 3\ \text{L}\quad 210\ \text{mL} \\
\hline
\boxed{\ }\ \text{L}\quad \boxed{\ }\ \text{mL}
\end{array}
$$

⑤

$$
\begin{array}{r}
13\ \text{L}\quad 740\ \text{mL} \\
-\ 8\ \text{L}\quad 560\ \text{mL} \\
\hline
\boxed{\ }\ \text{L}\quad \boxed{\ }\ \text{mL}
\end{array}
$$

⑥

$$
\begin{array}{r}
17\ \text{L}\quad 640\ \text{mL} \\
-\ 9\ \text{L}\quad 480\ \text{mL} \\
\hline
\boxed{\ }\ \text{L}\quad \boxed{\ }\ \text{mL}
\end{array}
$$

⑦

$$
\begin{array}{r}
22\ \text{L}\quad 910\ \text{mL} \\
-\ 15\ \text{L}\qquad\quad \\
\hline
\boxed{\ }\ \text{L}\quad \boxed{\ }\ \text{mL}
\end{array}
$$

빼는 수가 없으면
그대로 내려 써요.

⑧

$$
\begin{array}{r}
26\ \text{L}\quad 820\ \text{mL} \\
-\ 18\ \text{L}\quad 790\ \text{mL} \\
\hline
\boxed{\ }\ \text{L}\quad \boxed{\ }\ \text{mL}
\end{array}
$$

가로셈도 세로셈처럼 같은 들이 단위끼리 계산해요.

🐾 계산해 보세요.

❶ 2 L 300 mL + 4 L 500 mL = 6 L 800 mL

❷ 6 L 150 mL + 3 L 400 mL = ☐ L ☐ mL

❸ 5 L 230 mL + 18 L 370 mL = ☐ L ☐ mL

❹ 14 L 450 mL + 7 L 360 mL = ☐ L ☐ mL

❺ 8 L 460 mL − 6 L 150 mL = ☐ L ☐ mL

❻ 13 L 850 mL − 4 L 690 mL = ☐ L ☐ mL

❼ 11 L 540 mL − 9 L 360 mL = ☐ L ☐ mL

❽ 23 L 240 mL − 20 mL = ☐ L ☐ mL

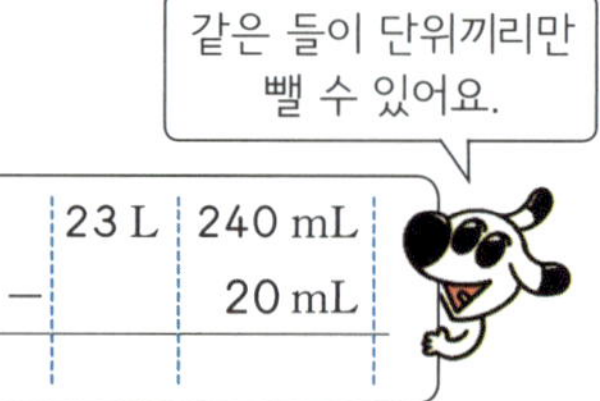

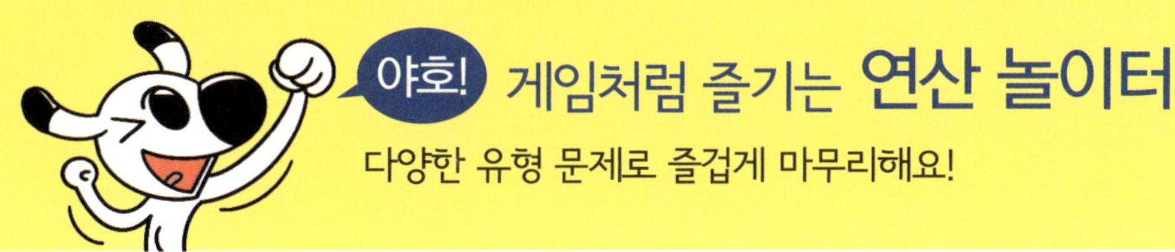

야호! 게임처럼 즐기는 **연산 놀이터**

다양한 유형 문제로 즐겁게 마무리해요!

🐾 여러 가지 들이의 음료수가 있습니다. ❓의 들이를 각각 구하세요.

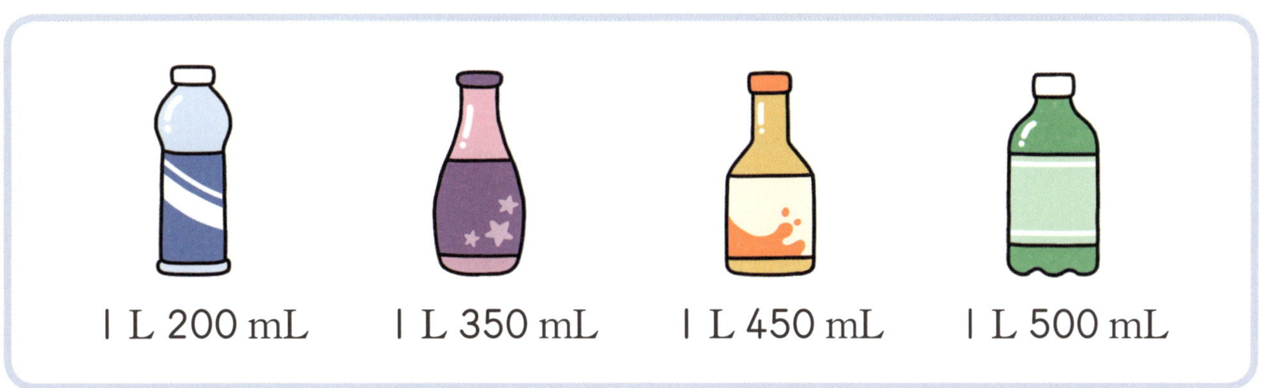

1

(L   mL)

2

(   )

3

(   )

1000 mL는 1 L로 받아올림해요

받아올림이 있는 들이의 합

👣 받아올림이 있는 들이의 합을 알아보세요.

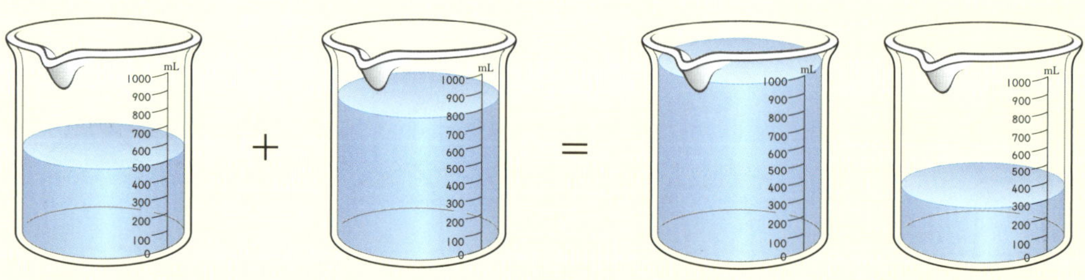

⭐ 500 mL + 800 mL = ☐ mL = ☐ L ☐ mL입니다.

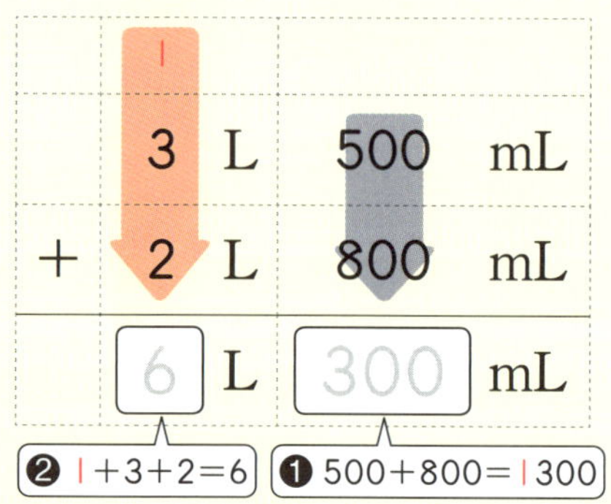

3 L	500 mL	
+ 2 L	800 mL	
6 L	300 mL	

❷ 1+3+2=6 ❶ 500+800=1300

⭐ mL → L 순서로 같은 들이 단위끼리 더합니다.

⭐ mL끼리의 합이 1000이거나 1000보다 크면 1000 mL를 ☐ L로 받아올림하여 계산합니다.

잠깐! 퀴즈

1 L 600 mL와 2 L 500 mL의 합은 (3 L 100 mL , 4 L 100 mL)입니다.

정답 4 L 100 mL

mL끼리의 합이 1000이거나 1000보다 크면 1000 mL=1 L이므로
받아올림하는 1 L의 1을 L 단위 수 위에 작게 쓰고 계산해요.

🐾 계산해 보세요.

①

	5 L	700	mL
+	1 L	500	mL
	7 L	200	mL

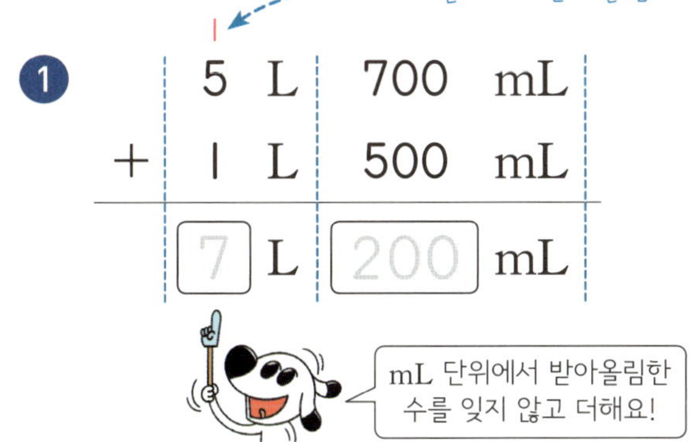

②

	4 L	400	mL
+	3 L	700	mL
	☐ L	☐	mL

③

	2 L	200	mL
+	6 L	900	mL
	☐ L	☐	mL

④

	7 L	800	mL
+	8 L	600	mL
	☐ L	☐	mL

⑤

	11 L	750	mL
+	9 L	800	mL
	☐ L	☐	mL

⑥

	16 L	250	mL
+	14 L	850	mL
	☐ L	☐	mL

⑦

	15 L	500	mL
+	13 L	550	mL
	☐ L	☐	mL

⑧

	18 L	750	mL
+	19 L	650	mL
	☐ L	☐	mL

 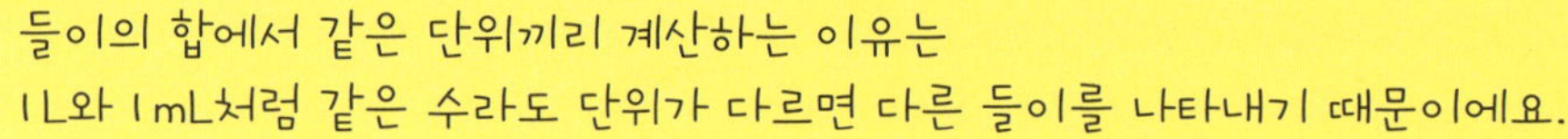

🐾 계산해 보세요.

①
$$\begin{array}{r} 3 \text{ L} \quad 400 \text{ mL} \\ +\ 6 \text{ L} \quad 750 \text{ mL} \\ \hline \boxed{}\text{ L} \boxed{}\text{ mL} \end{array}$$

②
$$\begin{array}{r} 11 \text{ L} \quad 820 \text{ mL} \\ +\ 4 \text{ L} \quad 350 \text{ mL} \\ \hline \boxed{}\text{ L} \boxed{}\text{ mL} \end{array}$$

③
$$\begin{array}{r} 9 \text{ L} \quad 560 \text{ mL} \\ +\ 7 \text{ L} \quad 930 \text{ mL} \\ \hline \boxed{}\text{ L} \boxed{}\text{ mL} \end{array}$$

④
$$\begin{array}{r} 15 \text{ L} \quad 430 \text{ mL} \\ +\ 3 \text{ L} \quad 680 \text{ mL} \\ \hline \boxed{}\text{ L} \boxed{}\text{ mL} \end{array}$$

⑤
$$\begin{array}{r} 19 \text{ L} \quad 460 \text{ mL} \\ +\ 14 \text{ L} \quad 850 \text{ mL} \\ \hline \boxed{}\text{ L} \boxed{}\text{ mL} \end{array}$$

⑥
$$\begin{array}{r} 16 \text{ L} \quad 370 \text{ mL} \\ +\ 26 \text{ L} \quad 960 \text{ mL} \\ \hline \boxed{}\text{ L} \boxed{}\text{ mL} \end{array}$$

⑦
$$\begin{array}{r} 28 \text{ L} \quad 250 \text{ mL} \\ +\ 17 \text{ L} \quad 750 \text{ mL} \\ \hline \boxed{}\text{ L} \boxed{} \end{array}$$

⑧
$$\begin{array}{r} 14 \text{ L} \quad 950 \text{ mL} \\ +\ 25 \text{ L} \quad 120 \text{ mL} \\ \hline \boxed{}\text{ L} \boxed{}\text{ mL} \end{array}$$

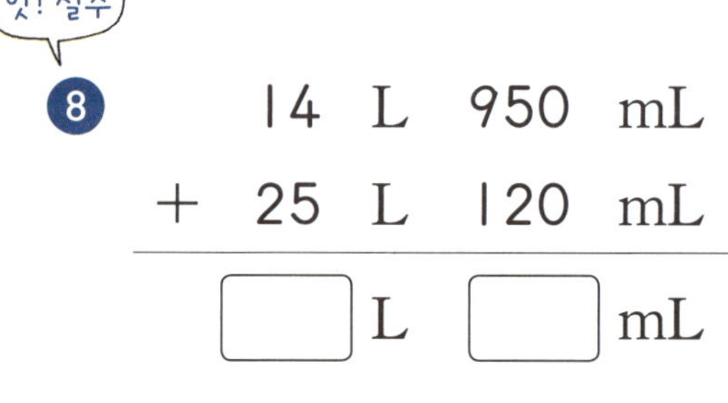

🐾 계산해 보세요.

1
```
   10 L   620 mL
+   4 L   560 mL
―――――――――――――
  [  ] L [      ] mL
```

2
```
    5 L   710 mL
+  12 L   480 mL
―――――――――――――
  [  ] L [      ] mL
```

3
```
   14 L   950 mL
+  16 L   350 mL
―――――――――――――
  [  ] L [      ] mL
```

4
```
   18 L   680 mL
+  17 L   880 mL
―――――――――――――
  [  ] L [      ] mL
```

5
```
   19 L   870 mL
+  23 L   540 mL
―――――――――――――
  [  ] L [      ] mL
```

6
```
   27 L   960 mL
+  15 L   760 mL
―――――――――――――
  [  ] L [      ] mL
```

7
```
   13 L   610 mL
+  26 L   490 mL
―――――――――――――
  [  ] L [      ] mL
```

8
```
   28 L   290 mL
+  21 L   780 mL
―――――――――――――
  [  ] L [      ] mL
```

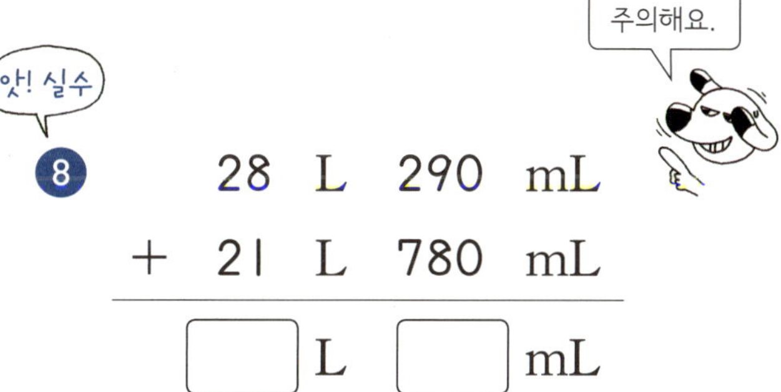

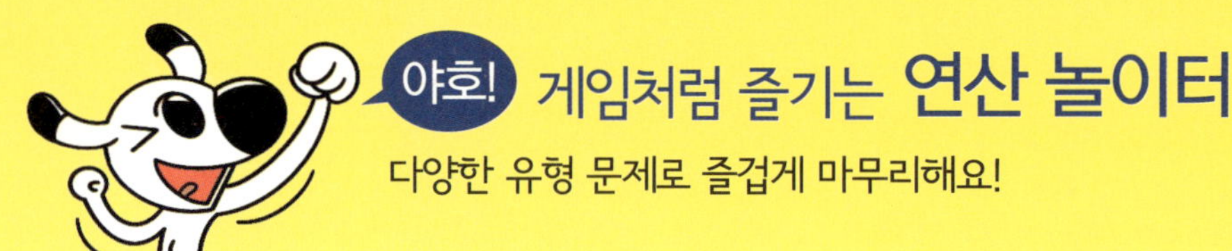

😺 친구들이 2명씩 짝지어 수조에 물을 부었습니다. 가장 많은 물을 부은 모둠에
◯표 하세요.

🐾 받아내림이 있는 들이의 차를 알아보세요.

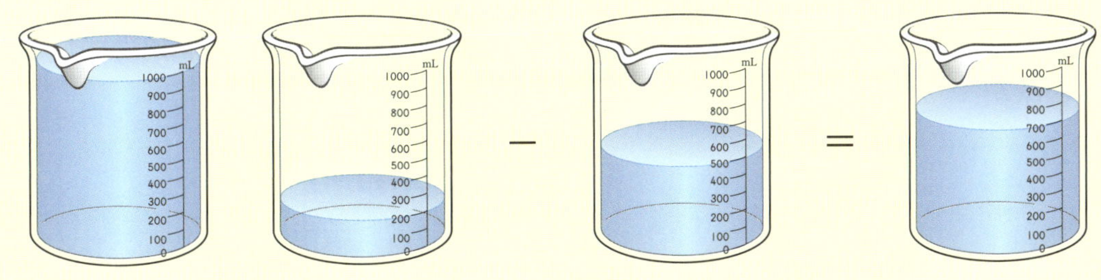

⭐ I L 200 mL − 500 mL = ☐ mL − 500 mL = ☐ mL입니다.

↖ I L + 200 mL = 1000 mL + 200 mL

⭐ mL → L 순서로 같은 들이 단위끼리 뺍니다.

⭐ mL끼리 뺄 수 없으면 I L를 1000 mL로 받아내림하여 계산합니다.

3 L I00 mL와 I L 200 mL의 차는 (I L 900 mL , 2 L 900 mL)입니다.

정답 I L 900 mL

 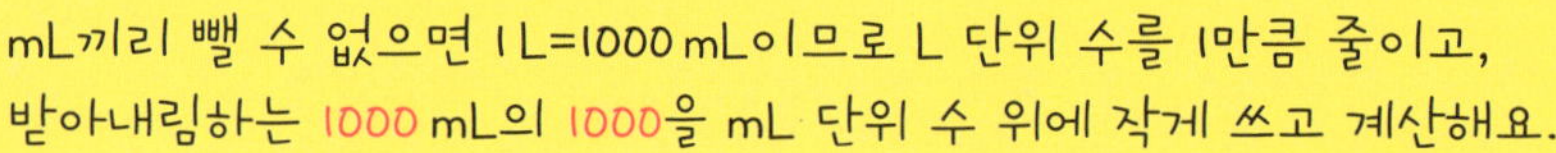

mL끼리 뺄 수 없으면 1 L=1000 mL이므로 L 단위 수를 1만큼 줄이고,
받아내림하는 1000 mL의 1000을 mL 단위 수 위에 작게 쓰고 계산해요.

🐾 계산해 보세요.

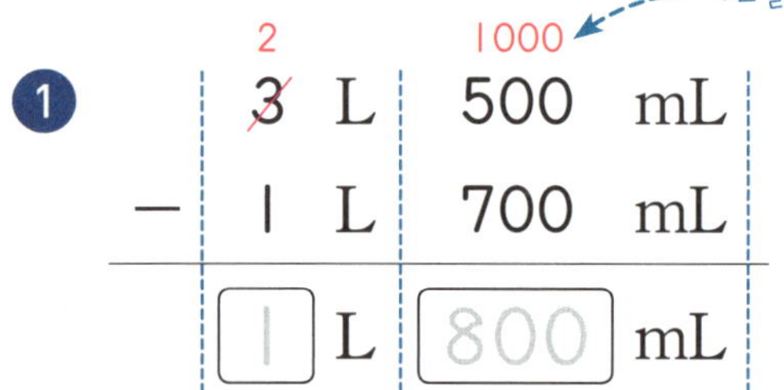

①
$$\begin{array}{r} \overset{2}{\cancel{3}}\ \text{L}\quad \overset{1000}{500}\ \text{mL} \\ -\ 1\ \text{L}\quad 700\ \text{mL} \\ \hline 1\ \text{L}\quad 800\ \text{mL} \end{array}$$

②
$$\begin{array}{r} 5\ \text{L}\quad 400\ \text{mL} \\ -\ 2\ \text{L}\quad 600\ \text{mL} \\ \hline \boxed{}\ \text{L}\quad \boxed{}\ \text{mL} \end{array}$$

③
$$\begin{array}{r} 6\ \text{L}\quad 300\ \text{mL} \\ -\ 3\ \text{L}\quad 800\ \text{mL} \\ \hline \boxed{}\ \text{L}\quad \boxed{}\ \text{mL} \end{array}$$

④
$$\begin{array}{r} 8\ \text{L}\quad 200\ \text{mL} \\ -\ 4\ \text{L}\quad 900\ \text{mL} \\ \hline \boxed{}\ \text{L}\quad \boxed{}\ \text{mL} \end{array}$$

⑤
$$\begin{array}{r} 11\ \text{L}\quad 450\ \text{mL} \\ -\ 9\ \text{L}\quad 600\ \text{mL} \\ \hline \boxed{}\ \text{L}\quad \boxed{}\ \text{mL} \end{array}$$

⑥
$$\begin{array}{r} 14\ \text{L}\quad 250\ \text{mL} \\ -\ 5\ \text{L}\quad 450\ \text{mL} \\ \hline \boxed{}\ \text{L}\quad \boxed{}\ \text{mL} \end{array}$$

⑦
$$\begin{array}{r} 18\ \text{L}\quad 530\ \text{mL} \\ -\ 17\ \text{L}\quad 650\ \text{mL} \\ \hline \boxed{}\ \text{L}\quad \boxed{}\ \text{mL} \end{array}$$

⑧
$$\begin{array}{r} 26\ \text{L}\quad 720\ \text{mL} \\ -\ 18\ \text{L}\quad 850\ \text{mL} \\ \hline \boxed{}\ \text{L}\quad \boxed{}\ \text{mL} \end{array}$$

🐾 계산해 보세요.

1   7 L   360 mL
− 4 L   800 mL
= ☐ L ☐ mL

2   8 L   270 mL
− 6 L   350 mL
= ☐ L ☐ mL

3   10 L   200 mL
− 5 L   240 mL
= ☐ L ☐ mL

4   12 L   400 mL
− 7 L   520 mL
= ☐ L ☐ mL

5   11 L   210 mL
− 9 L   480 mL
= ☐ L ☐ mL

6   17 L   340 mL
− 8 L   350 mL
= ☐ L ☐ mL

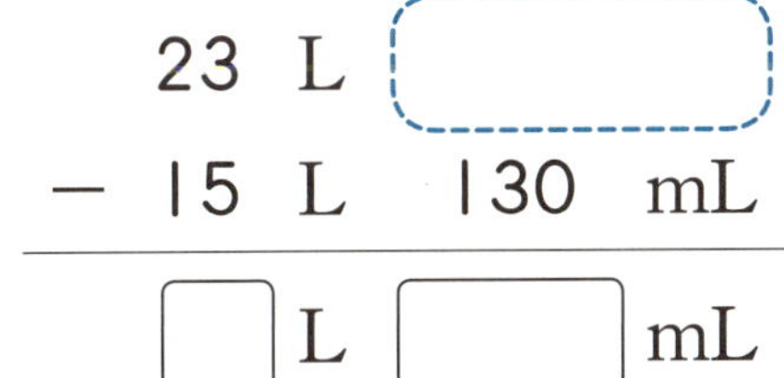

7   23 L   ☐ mL
− 15 L   130 mL
= ☐ L ☐ mL

8   32 L   40 mL
− 18 L   790 mL
= ☐ L ☐ mL

1

	12	L	140	mL
−	4	L	520	mL
	☐	L	☐	mL

2

	15	L	290	mL
−	6	L	470	mL
	☐	L	☐	mL

3

	13	L	300	mL
−	9	L	630	mL
	☐	L	☐	mL

4

	21	L	500	mL
−	11	L	740	mL
	☐	L	☐	mL

5

	23	L	220	mL
−	17	L	440	mL
	☐	L	☐	mL

6

	25	L	120	mL
−	16	L	370	mL
	☐	L	☐	mL

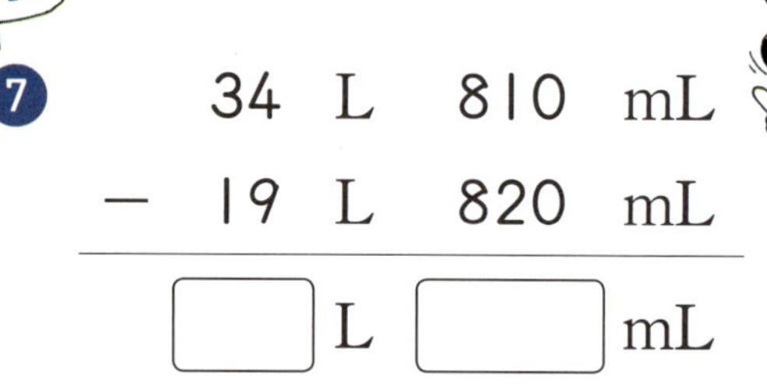

7

	34	L	810	mL
−	19	L	820	mL
	☐	L	☐	mL

8

	38	L	40	mL
−	18	L	960	mL
	☐	L	☐	mL

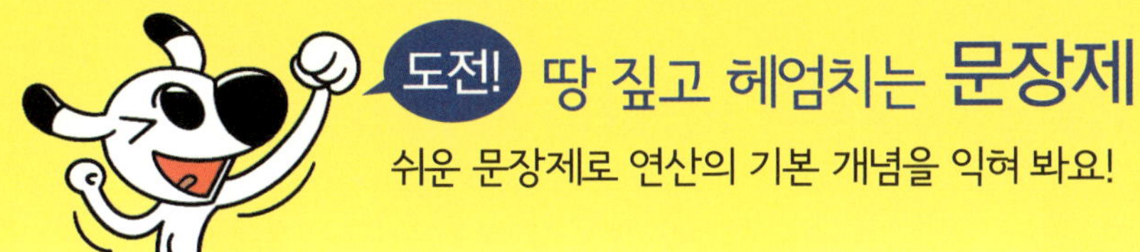

도전! 땅 짚고 헤엄치는 문장제

쉬운 문장제로 연산의 기본 개념을 익혀 봐요!

4명의 친구들이 일주일 동안 주스를 마셨습니다. □ 안에 알맞은 수를 써넣고, 주스를 가장 많이 마신 친구의 이름을 써 보세요.

처음 주스 → 남은 주스

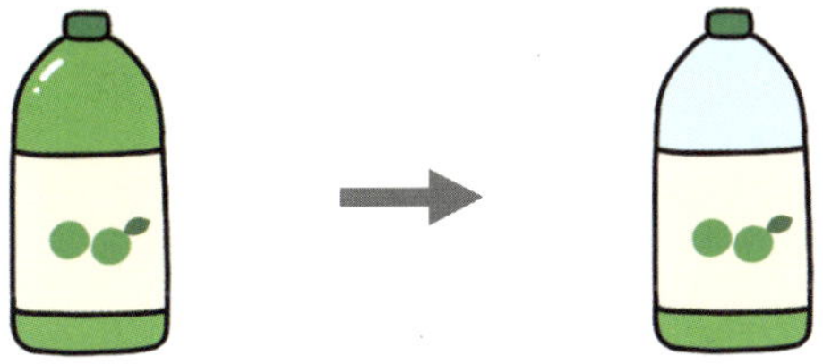

3 L 400 mL → 1 L 500 mL

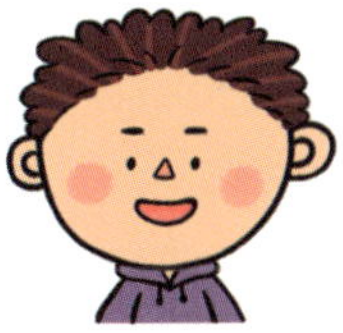

유준: □ L □ mL를 마셨어요.

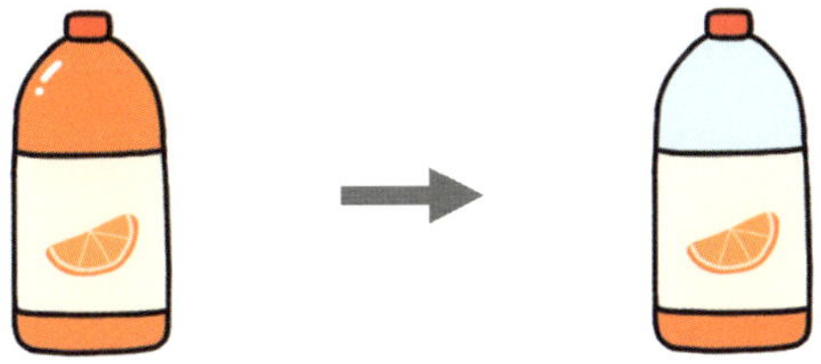

4 L 200 mL → 2 L 350 mL

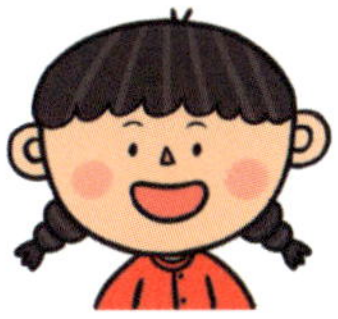

시영: □ L □ mL를 마셨어요.

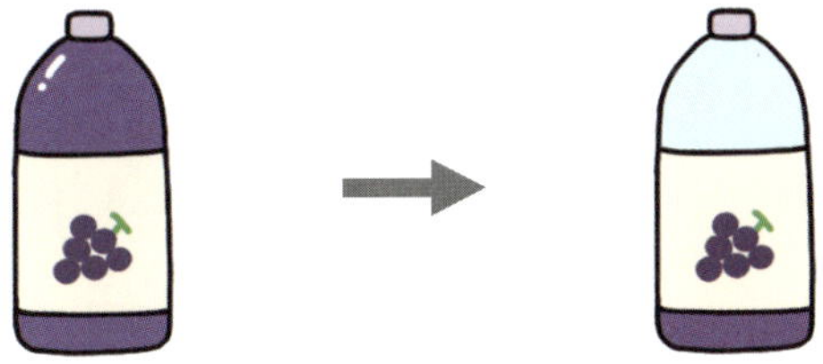

3 L 350 mL → 1 L 550 mL

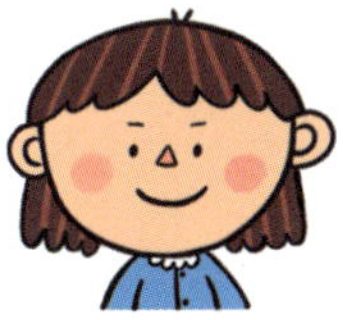

지민: □ L □ mL를 마셨어요.

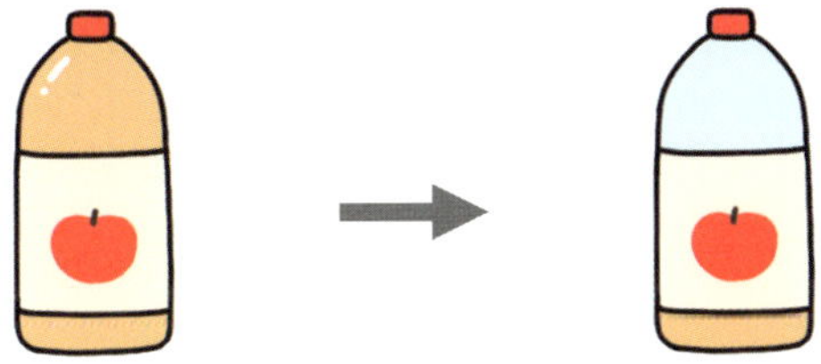

4 L 100 mL → 2 L 150 mL

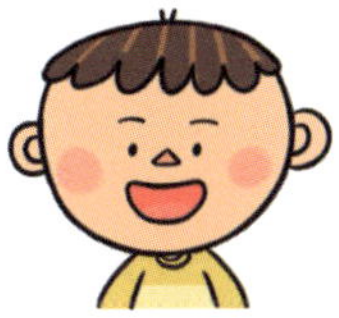

시혁: □ L □ mL를 마셨어요.

가장 많이 마신 친구: ______________

24

1 kg은 1000 g, 1 t은 1000 kg이에요

무게 단위 사이의 관계

🐾 무게 단위 g, kg, t을 알아보세요.

⭐ 무게를 재는 단위에는 킬로그램과 그램, 톤 등이 있습니다.

　1 킬로그램은 1 kg , 1 그램은 1 g , 1 톤은 1 t 이라고 씁니다.

⭐ 1 kg은 1000 g과 같고, 1 t은 1000 kg과 같습니다.

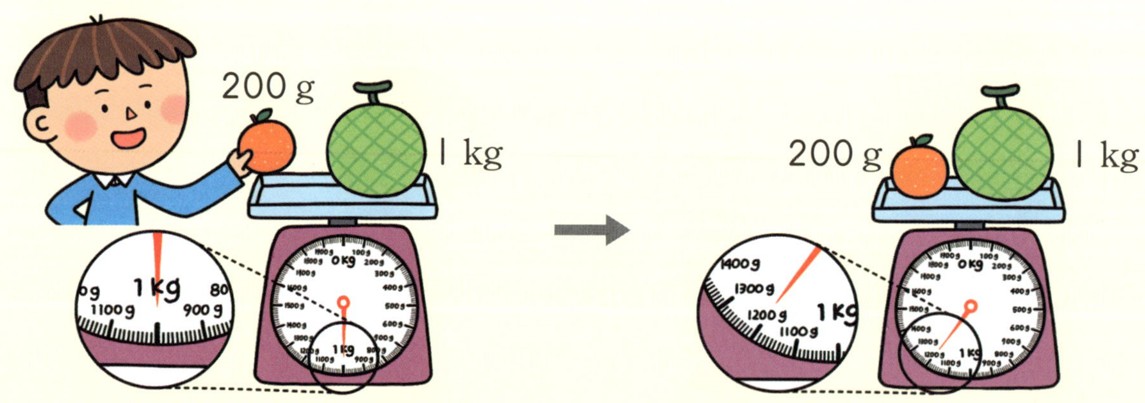

⭐ 1 kg보다 200 g 더 무거운 무게를 1 kg 200 g 이라 쓰고

　1 킬로그램 200 그램 이라고 읽습니다.

⭐ 1 kg 200 g＝1 kg＋200 g＝ ____ g＋200 g＝ ____ g

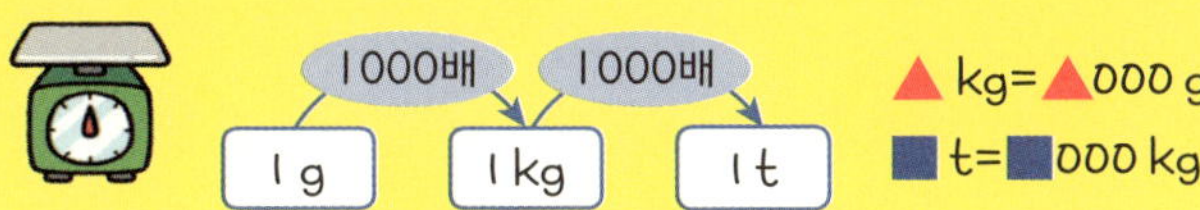

🐾 ☐ 안에 알맞은 수를 써넣으세요.

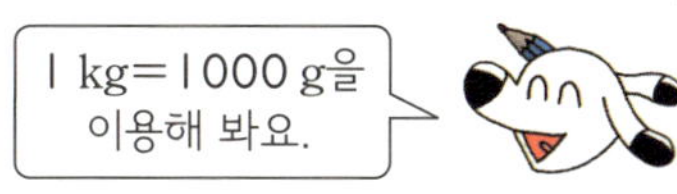

① 1 kg= $\boxed{1000}$ g

② 2 kg= $\boxed{}$ g

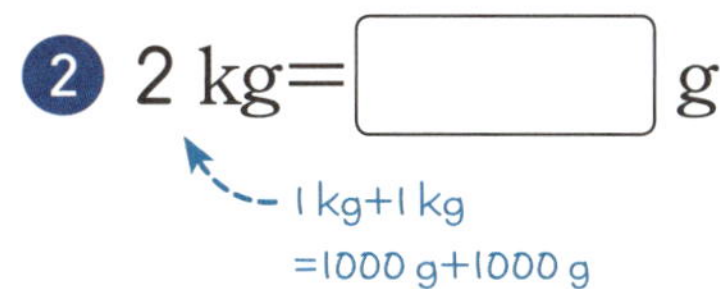

③ 5 kg= $\boxed{}$ g

④ 3000 g= $\boxed{}$ kg

⑤ 7000 g= $\boxed{}$ kg

⑥ 9000 g= $\boxed{}$ kg

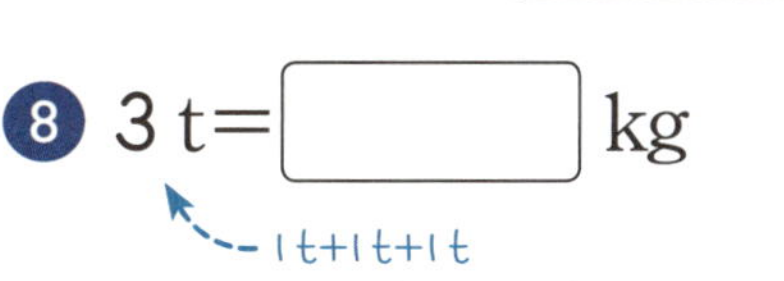

⑦ 1 t= $\boxed{1000}$ kg

⑧ 3 t= $\boxed{}$ kg

⑨ 8 t= $\boxed{}$ kg

⑩ 2000 kg= $\boxed{}$ t

⑪ 4000 kg= $\boxed{}$ t

⑫ 6000 kg= $\boxed{}$ t

❖ ☐ 안에 알맞은 수를 써넣으세요.

① 1 kg 500 g = ☐1500☐ g

② 2 kg 800 g = ☐ g

③ 4 kg 150 g = ☐ g

④ 7 kg 550 g = ☐ g

⑤ 8 kg 240 g = ☐ g

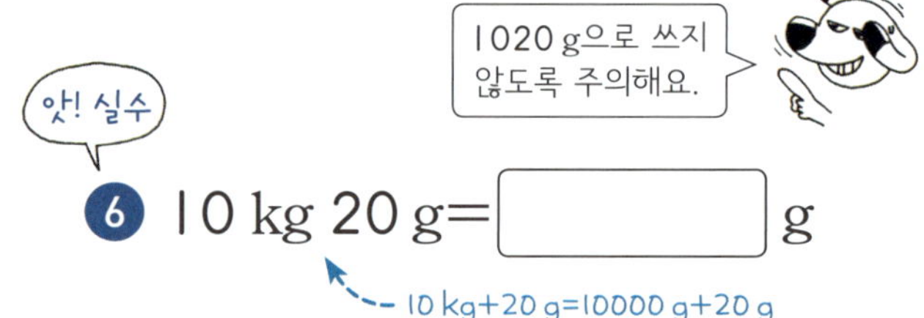

⑥ 10 kg 20 g = ☐ g

⑦ 2100 g = ☐2☐ kg ☐100☐ g

⑧ 3650 g = ☐ kg ☐ g

⑨ 9820 g = ☐ kg ☐ g

⑩ 8910 g = ☐ kg ☐ g

⑪ 5003 g = ☐ kg ☐ g

⑫ 6080 g = ☐ kg ☐ g

1 t 500 kg은 1 t보다 500 kg 더 무거운 무게이므로
1 t 500 kg=1 t+500 kg=1000 kg+500 kg=1500 kg이에요.
➡ ■ t ▲00 kg=■▲00 kg

🐾 ☐ 안에 알맞은 수를 써넣으세요.

1 1 t 400 kg= 1400 kg
1 t+400 kg=1000 kg+400 kg

2 2 t 700 kg= ☐ kg

3 3 t 650 kg= ☐ kg

4 6 t 950 kg= ☐ kg

5 7 t 820 kg= ☐ kg

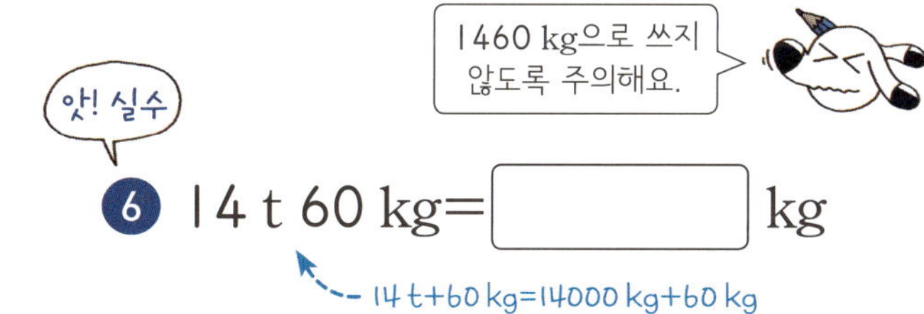

6 14 t 60 kg= ☐ kg
14 t+60 kg=14000 kg+60 kg

7 2500 kg= 2 t 500 kg
2000 500

8 4370 kg= ☐ t ☐ kg

9 7590 kg= ☐ t ☐ kg

10 9740 kg= ☐ t ☐ kg

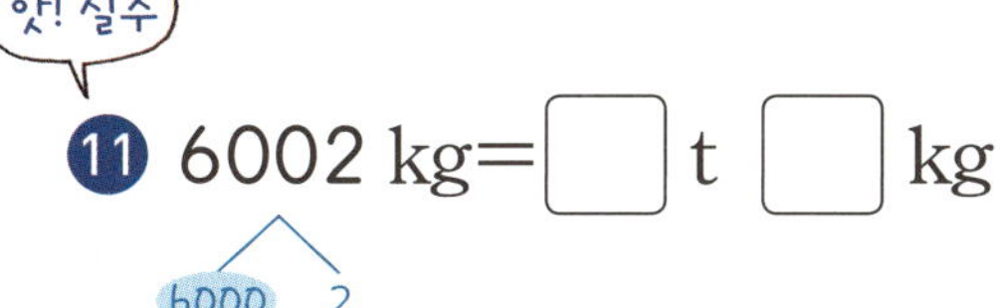

11 6002 kg= ☐ t ☐ kg
6000 2

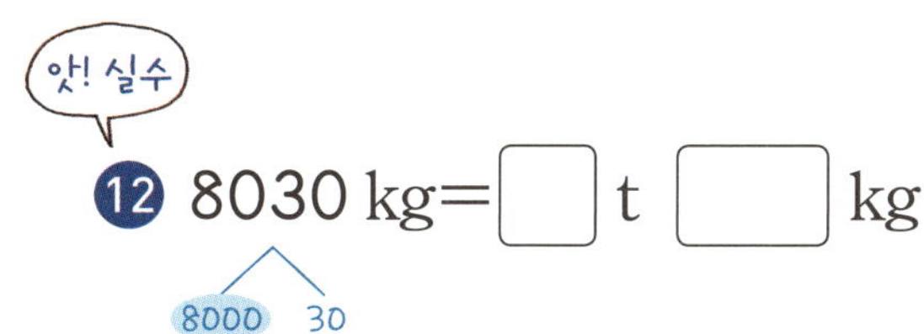

12 8030 kg= ☐ t ☐ kg
8000 30

🐾 문장을 읽고 알맞은 무게 단위에 ○표 하세요.

1 사진 한 장의 무게는 약 10 (g , kg , t)이에요.

2 수박 한 통의 무게는 약 8 (g , kg , t)이에요.

3 코끼리의 무게는 약 3 (g , kg , t)이에요.

4 탁구공의 무게는 약 12 (g , kg , t)이에요.

5 소방차의 무게는 약 10 (g , kg , t)이에요.

6 3 kg보다 500 g 더 무거운 무게는 3 (g , kg) 500 (g , kg)이에요.

7 2 t보다 600 kg 더 무거운 무게는 2600 (kg , t)이에요.

같은 무게 단위끼리 계산해요

🐾 그림을 보고 무게의 합과 차를 알아보세요.

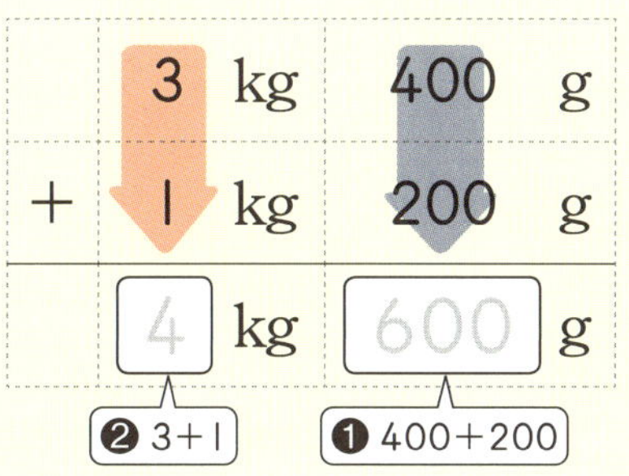

⭐ 무게의 합을 구할 때는 kg은 [kg]끼리, g은 [g]끼리 더합니다.

⭐ 두 채소의 무게의 합은 ☐ kg ☐ g입니다.

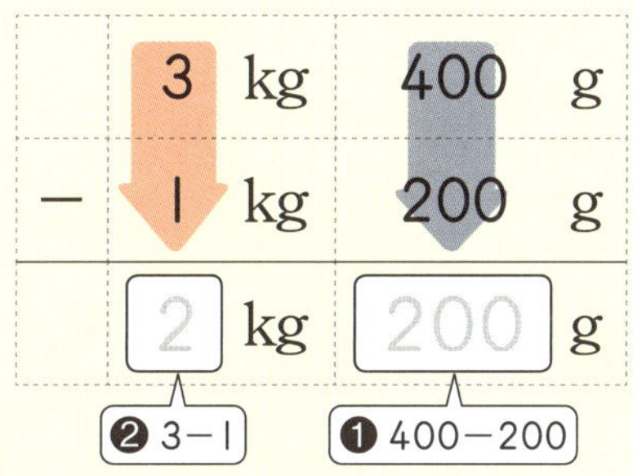

⭐ 무게의 차를 구할 때는 kg은 [kg]끼리, g은 [g]끼리 뺍니다.

⭐ 두 채소의 무게의 차는 ☐ kg ☐ g입니다.

잠깐! 퀴즈

무게의 계산은 kg은 (g , kg)끼리, g은 (g , kg)끼리 계산합니다.

정답 kg, g

무게의 합을 구할 때는 kg은 kg끼리, g은 g끼리 더해요.

🐾 계산해 보세요.

1

	②	①
	1 kg	200 g
+	2 kg	300 g
	3 kg	500 g

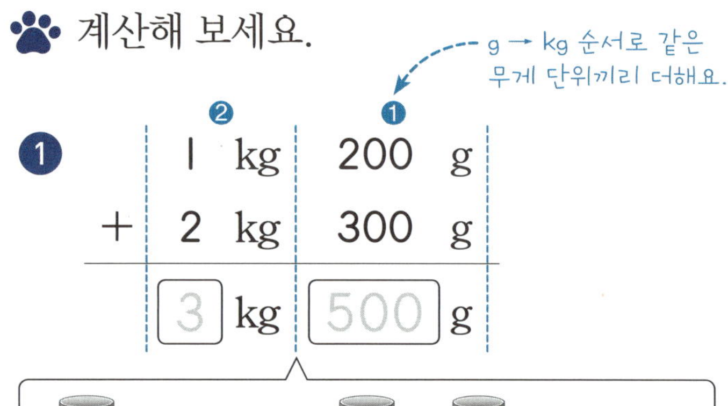

2

	5 kg	300 g
+	3 kg	400 g
	☐ kg	☐ g

3

	2 kg	500 g
+	6 kg	150 g
	☐ kg	☐ g

4

	9 kg	470 g
+	7 kg	210 g
	☐ kg	☐ g

5

	11 kg	340 g
+	8 kg	260 g
	☐ kg	☐ g

6

	16 kg	70 g
+	5 kg	860 g
	☐ kg	☐ g

7

	15 kg	450 g
+	19 kg	290 g
	☐ kg	☐ g

8

	17 kg	740 g
+	18 kg	80 g
	☐ kg	☐ g

 무게의 차를 구할 때는 kg은 kg끼리, g은 g끼리 빼요.

🐾 계산해 보세요.

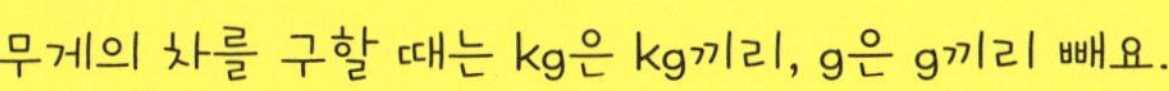

①

	❷		❶	
	2	kg	500	g
−	1	kg	300	g
	1	kg	200	g

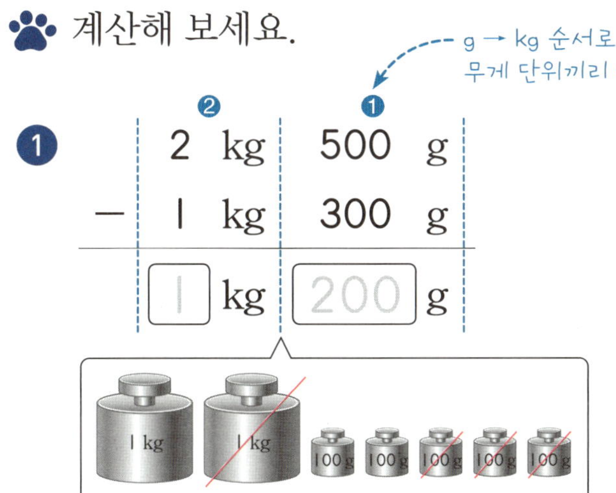

②

	4	kg	900	g
−	1	kg	500	g
		kg		g

③

	7	kg	850	g
−	3	kg	340	g
		kg		g

④

	9	kg	680	g
−	6	kg	420	g
		kg		g

⑤

	12	kg	620	g
−	8	kg	180	g
		kg		g

⑥

	15	kg	810	g
−	7	kg	720	g
		kg		g

⑦

	21	kg	110	g
−	14	kg		
		kg		g

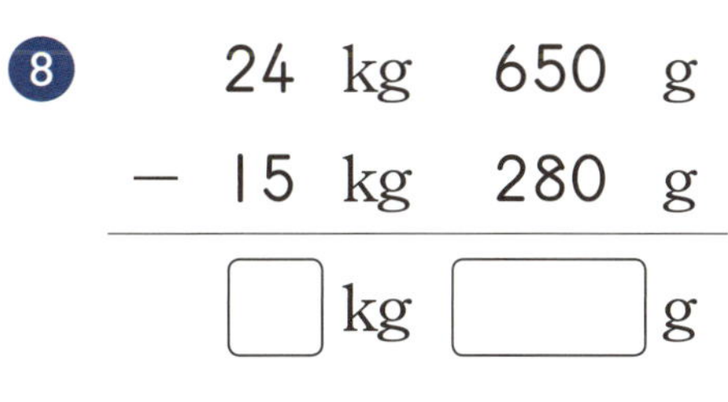

⑧

	24	kg	650	g
−	15	kg	280	g
		kg		g

🐾 계산해 보세요.

1 2 kg 300 g+4 kg 500 g= 6 kg 800 g

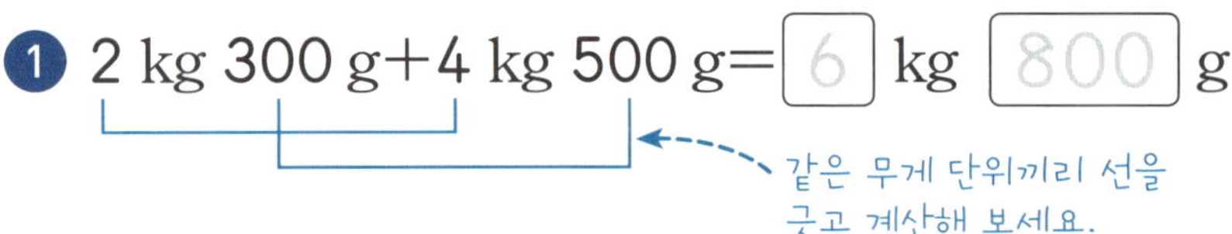

2 5 kg 250 g+3 kg 400 g= ☐ kg ☐ g

3 16 kg 540 g+9 kg 280 g= ☐ kg ☐ g

4 24 kg 190 g+8 kg 320 g= ☐ kg ☐ g

5 6 kg 770 g−3 kg 140 g= ☐ kg ☐ g

6 12 kg 500 g−5 kg 260 g= ☐ kg ☐ g

7 26 kg 850 g−7 kg 480 g= ☐ kg ☐ g

8 38 kg 610 g−30 g= ☐ kg ☐ g

38 kg	610 g
−	30 g

도전! 땅 짚고 헤엄치는 **문장제**

쉬운 문장제로 연산의 기본 개념을 익혀 봐요!

🐾 그림을 보고 ☐ 안에 알맞은 수를 써넣으세요.

1

7 kg 600 g　　2 kg 300 g

한 통에 7 kg 600 g인 수박과 한 송이에
2 kg 300 g인 바나나의 무게는 모두
☐ kg ☐ g입니다.

2

5 kg 850 g　　3 kg 230 g

여행 가방의 무게는 책가방의 무게보다
☐ kg ☐ g 더 무겁습니다.

3

34 kg 450 g인 은서가 2 kg 250 g인
고양이를 안고 무게를 재면
☐ kg ☐ g입니다.

4

6 kg 400 g　　4 kg 160 g

고구마 한 상자의 무게는 감자 한 상자의
무게보다 ☐ kg ☐ g 더 무겁습니다.

1000 g은 1kg으로 받아올림해요

받아올림이 있는 무게의 합

🐾 받아올림이 있는 무게의 합을 알아보세요.

⭐ 800 g+400 g=　　　 g=　 kg 　　　 g입니다.

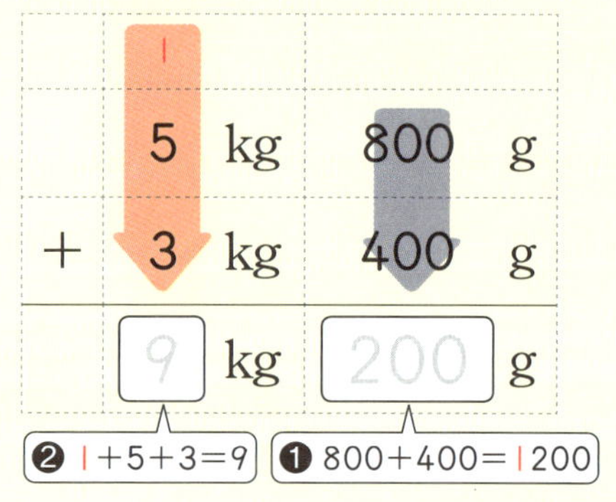

② I+5+3=9　 ❶ 800+400=I200

⭐ g → kg 순서로 같은 무게 단위끼리 더합니다.

⭐ g끼리의 합이 I000이거나 I000보다 크면 I000 g을 　 kg으로
받아올림하여 계산합니다.

잠깐! 퀴즈

I kg 400 g과 2 kg 700 g의 합은 (3 kg I00 g , 4 kg I00 g)입니다.

정답 4 kg I00 g

g끼리의 합이 1000이거나 1000보다 크면 1000 g=1 kg이므로
받아올림하는 1 kg의 1을 kg 단위 수 위에 작게 쓰고 계산해요.

🐾 계산해 보세요.

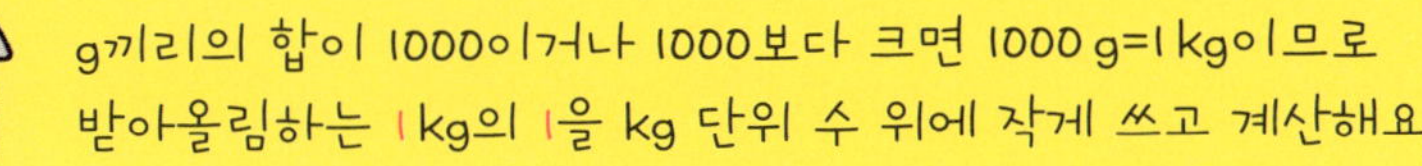

1

	kg		g
	2	600	
+	1	500	
	4	100	

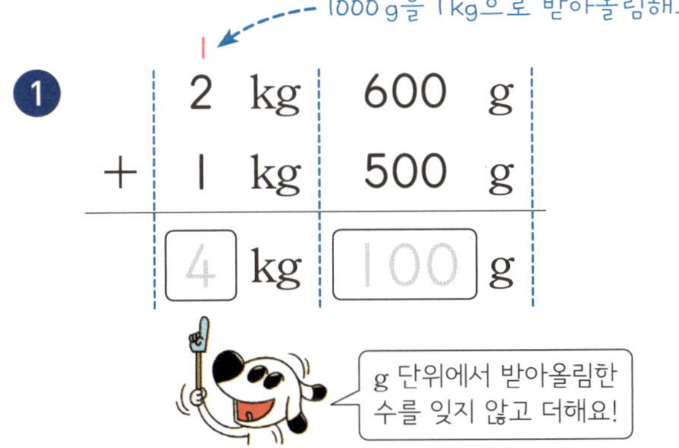

2

	kg		g
	3	500	
+	4	800	

3

	kg		g
	6	900	
+	3	300	

4

	kg		g
	9	700	
+	5	700	

5

	kg		g
	17	800	
+	8	750	

6

	kg		g
	15	150	
+	16	950	

7

	kg		g
	14	650	
+	11	400	

8

	kg		g
	24	750	
+	19	850	

🐾 계산해 보세요.

1

	5	kg	650	g
+	3	kg	500	g
	☐	kg	☐	g

2

	4	kg	850	g
+	6	kg	420	g
	☐	kg	☐	g

3

	10	kg	340	g
+			910	g
	☐	kg	☐	g

4

	5	kg	720	g
+	15	kg	660	g
	☐	kg	☐	g

5

	19	kg	930	g
+	3	kg	170	g
	☐	kg	☐	g

6

	18	kg	250	g
+	23	kg	870	g
	☐	kg	☐	g

7

	25	kg	410	g
+	17	kg	590	g
	☐	kg	☐	g

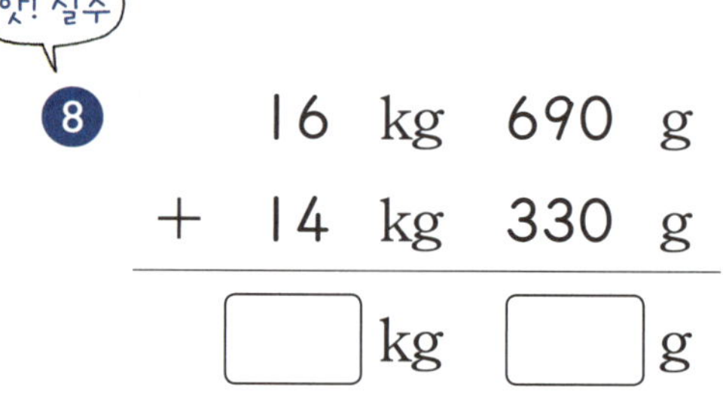

8

	16	kg	690	g
+	14	kg	330	g
	☐	kg	☐	g

🐾 계산해 보세요.

1

$$\begin{array}{r} 12 \text{ kg} \quad 820 \text{ g} \\ +\quad 6 \text{ kg} \quad 530 \text{ g} \\ \hline \boxed{} \text{ kg} \quad \boxed{} \text{ g} \end{array}$$

2

$$\begin{array}{r} 4 \text{ kg} \quad 860 \text{ g} \\ +\ 13 \text{ kg} \quad 620 \text{ g} \\ \hline \boxed{} \text{ kg} \quad \boxed{} \text{ g} \end{array}$$

3

$$\begin{array}{r} 10 \text{ kg} \quad 750 \text{ g} \\ +\ 18 \text{ kg} \quad 980 \text{ g} \\ \hline \boxed{} \text{ kg} \quad \boxed{} \text{ g} \end{array}$$

4

$$\begin{array}{r} 14 \text{ kg} \quad 650 \text{ g} \\ +\ 19 \text{ kg} \quad 750 \text{ g} \\ \hline \boxed{} \text{ kg} \quad \boxed{} \text{ g} \end{array}$$

5

$$\begin{array}{r} 16 \text{ kg} \quad 870 \text{ g} \\ +\ 16 \text{ kg} \quad 340 \text{ g} \\ \hline \boxed{} \text{ kg} \quad \boxed{} \text{ g} \end{array}$$

6

$$\begin{array}{r} 26 \text{ kg} \quad 520 \text{ g} \\ +\ 23 \text{ kg} \quad 580 \text{ g} \\ \hline \boxed{} \text{ kg} \quad \boxed{} \text{ g} \end{array}$$

7

$$\begin{array}{r} 17 \text{ kg} \quad 440 \text{ g} \\ +\ 22 \text{ kg} \quad 660 \text{ g} \\ \hline \boxed{} \text{ kg} \quad \boxed{} \text{ g} \end{array}$$

8

$$\begin{array}{r} 29 \text{ kg} \quad 760 \text{ g} \\ +\ 13 \text{ kg} \quad 290 \text{ g} \\ \hline \boxed{} \text{ kg} \quad \boxed{} \text{ g} \end{array}$$

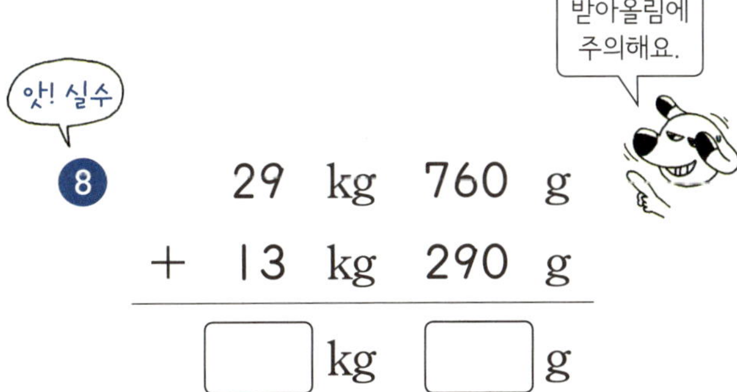

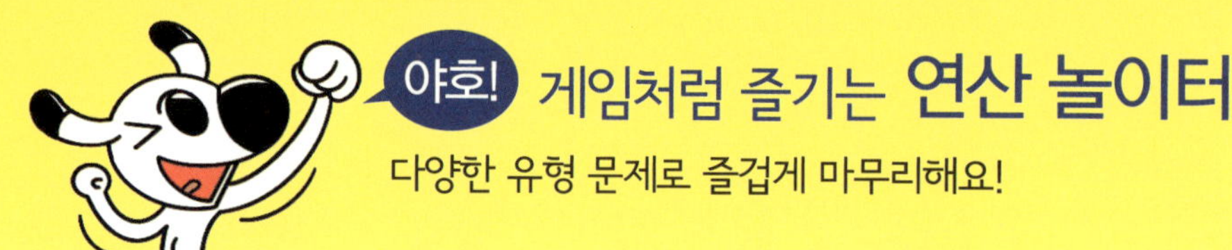

다양한 유형 문제로 즐겁게 마무리해요!

🐾 동물들의 무게를 나타낸 것입니다. ❓의 무게를 각각 구하세요.

1 (kg   g)

2 (   )

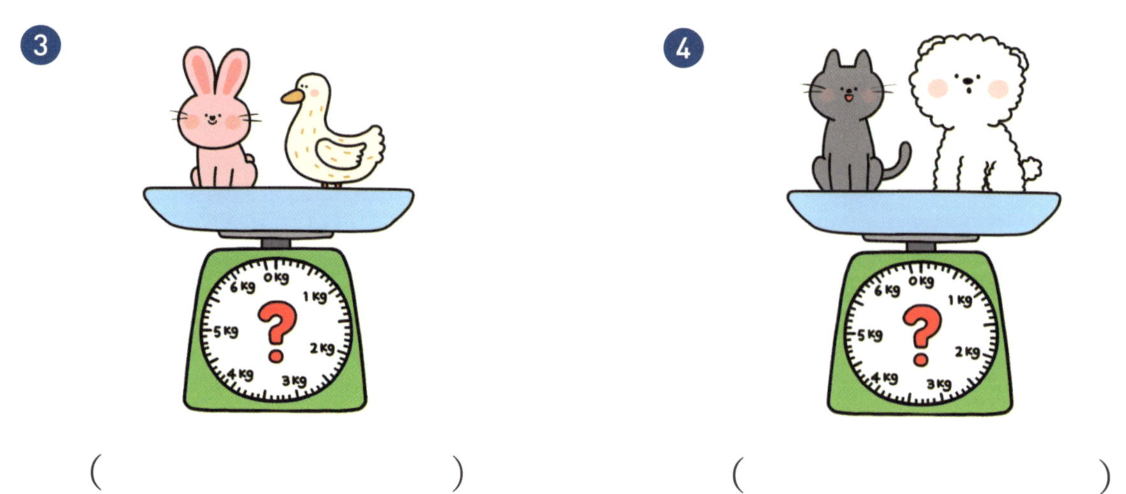

3 (   )

4 (   )

🐾 받아내림이 있는 무게의 차를 알아보세요.

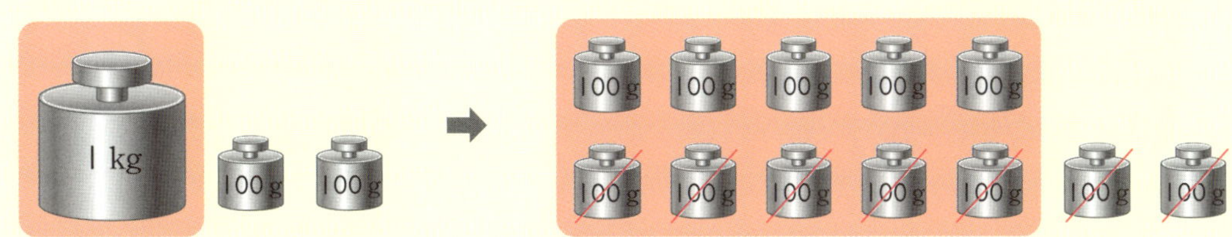

⭐ 1 kg 200 g−700 g=☐ g−700 g=☐ g입니다.

1 kg+200 g=1000 g+200 g

	6		1000	
	7	kg	200	g
−	4	kg	700	g
	2	kg	500	g

❷ 6−4=2   ❶ 1000+200−700=500

⭐ g → kg 순서로 같은 무게 단위끼리 뺍니다.

⭐ g끼리 뺄 수 없으면 1 kg을 1000 g으로 받아내림하여 계산합니다.

잠깐! 퀴즈

3 kg 400 g과 1 kg 600 g의 차는 (1 kg 800 g , 2 kg 800 g)입니다.

정답 | 1 kg 800 g

 g끼리 뺄 수 없으면 1kg=1000g이므로 kg 단위 수를 1만큼 줄이고,
받아내림하는 1000g의 수 1000을 g 단위 수 위에 작게 쓰고 계산해요.

🐾 계산해 보세요.

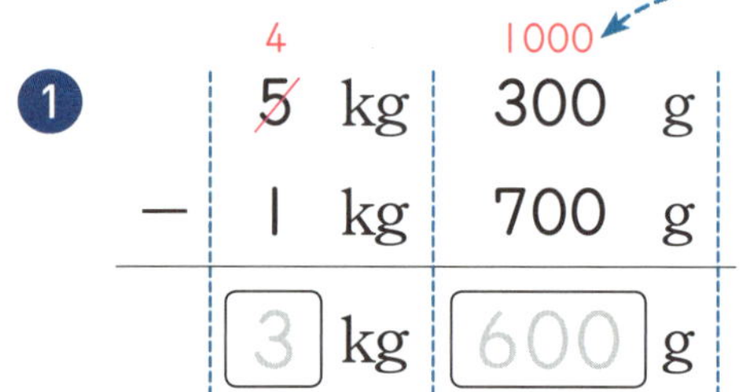

①

$$\begin{array}{r} \overset{4}{\cancel{5}} \text{ kg} \quad \overset{1000}{3}00 \text{ g} \\ -\ 1 \text{ kg} \quad 700 \text{ g} \\ \hline \boxed{3} \text{ kg} \quad \boxed{600} \text{ g} \end{array}$$

②

$$\begin{array}{r} 6 \text{ kg} \quad 500 \text{ g} \\ -\ 3 \text{ kg} \quad 600 \text{ g} \\ \hline \boxed{} \text{ kg} \quad \boxed{} \text{ g} \end{array}$$

③

$$\begin{array}{r} 7 \text{ kg} \quad 200 \text{ g} \\ -\ 2 \text{ kg} \quad 400 \text{ g} \\ \hline \boxed{} \text{ kg} \quad \boxed{} \text{ g} \end{array}$$

④

$$\begin{array}{r} 9 \text{ kg} \quad 500 \text{ g} \\ -\ 4 \text{ kg} \quad 800 \text{ g} \\ \hline \boxed{} \text{ kg} \quad \boxed{} \text{ g} \end{array}$$

⑤

$$\begin{array}{r} 12 \text{ kg} \quad 650 \text{ g} \\ -\ 6 \text{ kg} \quad 700 \text{ g} \\ \hline \boxed{} \text{ kg} \quad \boxed{} \text{ g} \end{array}$$

⑥

$$\begin{array}{r} 18 \text{ kg} \quad 150 \text{ g} \\ -\ 5 \text{ kg} \quad 250 \text{ g} \\ \hline \boxed{} \text{ kg} \quad \boxed{} \text{ g} \end{array}$$

⑦

$$\begin{array}{r} 15 \text{ kg} \quad 550 \text{ g} \\ -\ 14 \text{ kg} \quad 650 \text{ g} \\ \hline \boxed{} \text{ kg} \quad \boxed{} \text{ g} \end{array}$$

⑧

$$\begin{array}{r} 26 \text{ kg} \quad 600 \text{ g} \\ -\ 19 \text{ kg} \quad 850 \text{ g} \\ \hline \boxed{} \text{ kg} \quad \boxed{} \text{ g} \end{array}$$

🐾 계산해 보세요.

1
$$6 \text{ kg} \quad 30 \text{ g}$$
$$- \ 4 \text{ kg} \quad 700 \text{ g}$$
$$\boxed{} \text{ kg} \quad \boxed{} \text{ g}$$

2
$$8 \text{ kg} \quad 160 \text{ g}$$
$$- \ 5 \text{ kg} \quad 320 \text{ g}$$
$$\boxed{} \text{ kg} \quad \boxed{} \text{ g}$$

3
$$14 \text{ kg} \quad 200 \text{ g}$$
$$- \ \ 3 \text{ kg} \quad 270 \text{ g}$$
$$\boxed{} \text{ kg} \quad \boxed{} \text{ g}$$

4
$$13 \text{ kg} \quad 400 \text{ g}$$
$$- \ \ 7 \text{ kg} \quad 680 \text{ g}$$
$$\boxed{} \text{ kg} \quad \boxed{} \text{ g}$$

5
$$16 \text{ kg} \quad 120 \text{ g}$$
$$- \ \ 8 \text{ kg} \quad 280 \text{ g}$$
$$\boxed{} \text{ kg} \quad \boxed{} \text{ g}$$

6
$$20 \text{ kg} \quad 340 \text{ g}$$
$$- \ 15 \text{ kg} \quad 550 \text{ g}$$
$$\boxed{} \text{ kg} \quad \boxed{} \text{ g}$$

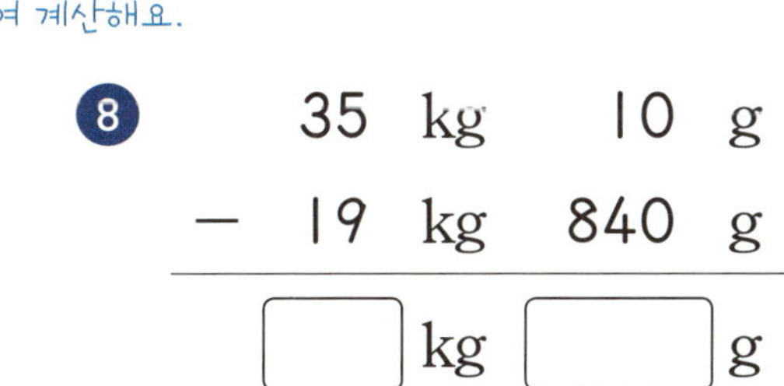

7
$$24 \text{ kg} \quad \boxed{}$$
$$- \ 17 \text{ kg} \quad 390 \text{ g}$$
$$\boxed{} \text{ kg} \quad \boxed{} \text{ g}$$

8
$$35 \text{ kg} \quad 10 \text{ g}$$
$$- \ 19 \text{ kg} \quad 840 \text{ g}$$
$$\boxed{} \text{ kg} \quad \boxed{} \text{ g}$$

계산해 보세요.

1

15	kg	160	g
− 8	kg	410	g
☐	kg	☐	g

2

18	kg	290	g
− 5	kg	850	g
☐	kg	☐	g

3

17	kg	600	g
− 9	kg	770	g
☐	kg	☐	g

4

19	kg	100	g
− 14	kg	380	g
☐	kg	☐	g

5

20	kg	410	g
− 10	kg	530	g
☐	kg	☐	g

6

31	kg	320	g
− 12	kg	940	g
☐	kg	☐	g

7

43	kg	850	g
− 25	kg	880	g
☐	kg	☐	g

도전! 땅 짚고 헤엄치는 **문장제**

쉬운 문장제로 연산의 기본 개념을 익혀 봐요!

다정이네 가족들의 몸무게를 나타낸 것입니다. ☐안에 알맞은 수를 써넣으세요.

❶ 다정이와 동생의 몸무게의 차는 ☐ kg ☐ g이에요.

❷ 아빠와 다정이의 몸무게의 차는 ☐ kg ☐ g이에요.

❸ 엄마의 몸무게는 동생의 몸무게보다 ☐ kg ☐ g 더 무거워요.

❹ 아빠의 몸무게는 엄마의 몸무게보다 ☐ kg ☐ g 더 무거워요.

★ 길이 단위 사이의 관계

★ 들이 단위 사이의 관계

★ 무게 단위 사이의 관계

바쁜 빠른

초등학생을 위한

길이와 시간 계산

정답

스마트폰으로도 정답을 확인할 수 있어요!

① 정답을 확인한 후 틀린 문제는 ☆표를 쳐 놓으세요~.

② 그런 다음 연습장에 틀린 문제를 옮겨 적으세요.

③ 그리고 그 문제들만 한 번 더 풀어 보세요.

시간은 얼마 걸리지 않아요. 그러나 이때 실력이 확 붙는 거예요.
아는 문제를 여러 번 다시 푸는 건 시간 낭비예요.
내가 틀린 문제만 모아서 풀면 아무리 바쁘더라도
수학 실력을 키울 수 있어요!

01

01단계   12쪽

⭐ m, 미터 / 100

⭐ m, cm

⭐ 100, 130

01단계   13쪽

① 100	② 300	③ 400
④ 500	⑤ 800	⑥ 900
⑦ 1	⑧ 2	⑨ 3
⑩ 5	⑪ 6	⑫ 7

01단계   14쪽

① 100, 140	② 200, 280	③ 190
④ 325	⑤ 455	⑥ 674
⑦ 512	⑧ 741	⑨ 827
⑩ 983	⑪ 405	⑫ 609

01단계   15쪽

① 1, 1, 20	② 2, 2, 50	③ 1, 70
④ 3, 10	⑤ 2, 60	⑥ 4, 80
⑦ 3, 96	⑧ 5, 91	⑨ 7, 64
⑩ 8, 2	⑪ 10, 6	

01단계 야호! 게임처럼 즐기는 연산 놀이터   16쪽

연산 놀이터 풀이

- 2 m 6 cm＝206 cm
- 93 m＝9300 cm
- 7 m 7 cm＝707 cm
- 10 m＝1000 cm

02

02단계   17쪽

⭐ mm, 밀리미터 / 10

⭐ 5, 5, 15

⭐ km, 킬로미터 / 1000

⭐ 200, 1200

02단계   18쪽

① 10   ② 30   ③ 50

④ 2   ⑤ 4   ⑥ 12

⑦ 1000   ⑧ 2000   ⑨ 7000

⑩ 3   ⑪ 6   ⑫ 9

02단계   19쪽

① 25   ② 43   ③ 38

④ 69   ⑤ 76   ⑥ 103

⑦ 3, 2   ⑧ 5, 4   ⑨ 6, 3

⑩ 8, 7   ⑪ 7, 5   ⑫ 20, 6

02단계   20쪽

① 1500   ② 2300   ③ 4800

④ 5650   ⑤ 3970   ⑥ 6030

⑦ 2, 300   ⑧ 3, 260   ⑨ 6, 180

⑩ 4, 950   ⑪ 5, 8   ⑫ 7, 20

02단계 [도전!] 땅 짚고 헤엄치는 **문장제**   21쪽

① m   ② cm   ③ mm   ④ cm

⑤ mm   ⑥ km   ⑦ cm

03

03단계   22쪽

3, 70

⭐ m, cm

⭐ 3, 70

1, 10

⭐ m, cm

⭐ 1, 10

03단계   23쪽

① 3, 30   ② 5, 70   ③ 7, 47

④ 7, 64   ⑤ 8, 80   ⑥ 12, 53

⑦ 11, 28   ⑧ 17, 60

03단계   24쪽

① 1, 20   ② 1, 25   ③ 1, 14

④ 4, 21   ⑤ 1, 29   ⑥ 6, 27

⑦ 7, 17   ⑧ 5, 55

03단계   25쪽

① 24, 33   ② 3, 5   ③ 30, 77

④ 5, 17   ⑤ 41, 50   ⑥ 17, 29

⑦ 53, 65

03단계 [도전!] 땅 짚고 헤엄치는 **문장제**   26쪽

① 330, 90   ② 272, 80   ③ 58, 10

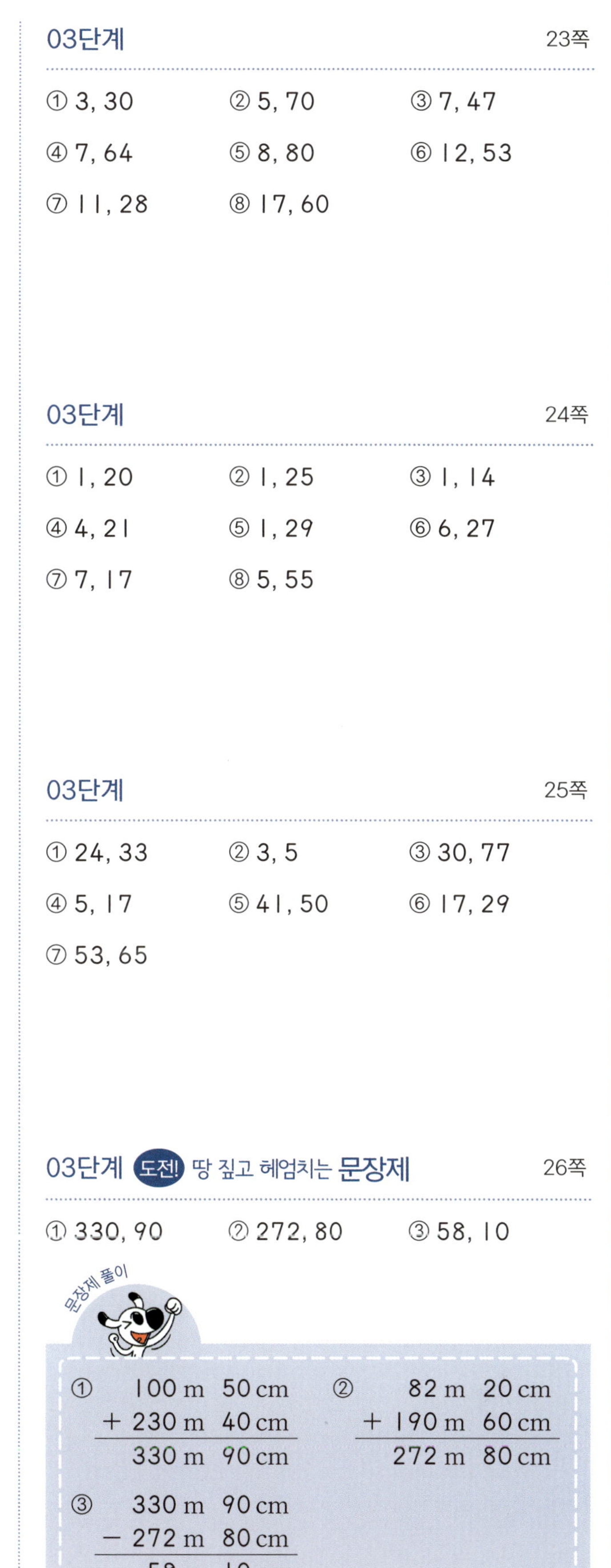

04

① 7 cm 2 mm + 13 cm 5 mm = 20 cm 7 mm

② 13 cm 5 mm − 7 cm 2 mm = 6 cm 3 mm

③ 20 cm 8 mm − 7 cm 2 mm = 13 cm 6 mm

05

① 1 km 708 m < 1 km 915 m < 1 km 950 m

② 1 km 915 m
  + 1 km 950 m
   3 km 865 m

③ 1 km 915 m
  + 1 km 708 m
   3 km 623 m

④ 1 km 950 m
  + 1 km 708 m
   3 km 658 m

06

06단계 　　　　　　　　　　　　　　37쪽

1, 8

⭐ 10

2, 500

⭐ 1000

06단계 　　　　　　　　　　　　　　38쪽

① 1, 8	② 1, 6	③ 4, 9
④ 2, 7	⑤ 7, 5	⑥ 2, 7
⑦ 11, 9	⑧ 6, 5	

06단계 　　　　　　　　　　　　　　39쪽

① 1, 900	② 1, 600	③ 1, 950
④ 3, 620	⑤ 3, 710	⑥ 3, 630
⑦ 6, 930	⑧ 1, 560	

06단계 　　　　　　　　　　　　　　40쪽

① 13, 5	② 12, 500	③ 4, 8
④ 2, 610	⑤ 7, 8	⑥ 9, 730
⑦ 4, 7	⑧ 8, 870	

06단계 도전! 땅 짚고 헤엄치는 **문장제** 　　　41쪽

| ① 258, 500 | ② 168, 600 | ③ 89, 900 |

①   412 1000
    413 km 200 m
  − 154 km 700 m
    258 km 500 m

②   322 1000
    323 km 300 m
  − 154 km 700 m
    168 km 600 m

③   257 1000
    258 km 500 m
  − 168 km 600 m
     89 km 900 m

07

07단계 　　　　　　　　　　　　　　44쪽

⭐ 1

35 / 30, 6

⭐ 분, 초

07단계 　　　　　　　　　　　　　　45쪽

| ① 30 | ② 10, 25 | ③ 3, 40 |
| ④ 5, 32, 20 | ⑤ 7, 14, 45 | ⑥ 9, 55, 35 |

07단계 　　　　　　　　　　　　　　46쪽

| ① 5, 12 | ② 1, 40, 18 | ③ 6, 46, 24 |
| ④ 8, 27, 51 | ⑤ 12, 42, 36 | ⑥ 11, 33, 47 |

07단계 야호! 게임처럼 즐기는 연산 놀이터 · 47쪽

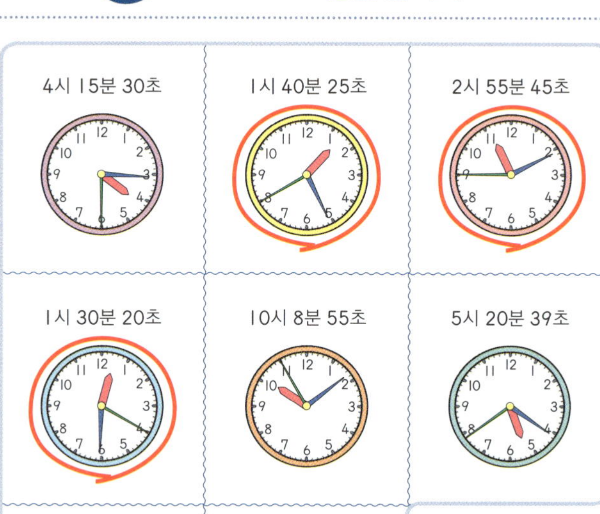

08단계 · 48쪽

- 60
- 1
- 1
- 60
- 60, 90

08단계 · 49쪽

① 60 ② 120 ③ 180
④ 300 ⑤ 420 ⑥ 480
⑦ 1 ⑧ 2 ⑨ 4
⑩ 6 ⑪ 7 ⑫ 9

08단계 · 50쪽

① 1, 60, 70 ② 1, 60, 95 ③ 110
④ 135 ⑤ 155 ⑥ 160
⑦ 185 ⑧ 200 ⑨ 225
⑩ 255 ⑪ 295 ⑫ 310

08단계 · 51쪽

① 60, 1, 1, 5 ② 60, 1, 20, 1, 20
③ 1, 40 ④ 2, 5 ⑤ 2, 10
⑥ 2, 30 ⑦ 2, 55 ⑧ 3, 20
⑨ 3, 50 ⑩ 4, 5 ⑪ 4, 40

08단계 야호! 게임처럼 즐기는 연산 놀이터 · 52쪽

- 140분＝2시간 20분
- 300분＝5시간
- 1시간 25분＝85분
- 135분＝2시간 15분

09

09단계　　　　　　　　　　53쪽

⭐ 60

⭐ 1

⭐ 1

⭐ 60

⭐ 60, 100

09단계　　　　　　　　　　54쪽

① 60	② 120	③ 300
④ 420	⑤ 480	⑥ 540
⑦ 1	⑧ 3	⑨ 4
⑩ 6	⑪ 8	⑫ 10

09단계　　　　　　　　　　55쪽

① 1, 60, 65	② 1, 60, 80	③ 105
④ 140	⑤ 170	⑥ 190
⑦ 220	⑧ 245	⑨ 260
⑩ 355	⑪ 375	

09단계　　　　　　　　　　56쪽

① 60, 1, 1, 15	② 60, 1, 30, 1, 30	
③ 1, 45	④ 2, 10	⑤ 2, 50
⑥ 3, 20	⑦ 3, 50	⑧ 4, 25
⑨ 5, 5	⑩ 5, 45	⑪ 6, 20
⑫ 6, 40		

09단계　야호! 게임처럼 즐기는 **연산 놀이터**　　57쪽

- 232초＝3분 52초
- 266초＝4분 26초
- 271초＝4분 31초

10

10단계　　　　　　　　　　58쪽

3, 45

⭐ 3, 45

4, 30, 50

⭐ 4, 30, 50

10단계　　　　　　　　　　59쪽

① 2, 50	② 12, 55	③ 30, 53
④ 51, 42	⑤ 6, 30	⑥ 7, 34
⑦ 8, 36	⑧ 9, 40	

① 3, 30, 25　② 7, 23, 30　③ 9, 49, 53

④ 9, 55, 42　⑤ 10, 54, 33　⑥ 12, 46, 46

⑦ 9, 54, 31

10단계 야호! 게임처럼 즐기는 연산 놀이터　61쪽

① 　② 

③ 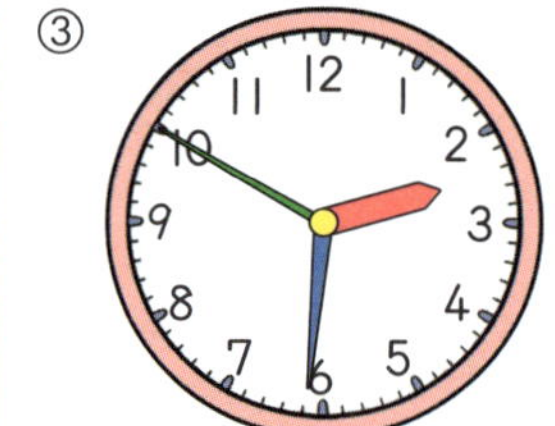　④ 

연산 놀이터 풀이

① 2시 30분 5초	② 7시 10분 15초
+ 20분 15초	+ 35분 40초
2시 50분 20초	7시 45분 55초
③ 1시 25분 40초	④ 6시 20분 35초
+1시간 5분 10초	+2시간 15분 5초
2시 30분 50초	8시 35분 40초

11단계　62쪽

24, 35

⭐ 24, 35

2, 13, 40

⭐ 2, 13, 40

11단계　63쪽

① 5, 50　② 20, 33　③ 45, 44

④ 4, 47　⑤ 6, 51　⑥ 10, 45

⑦ 12, 55

11단계　64쪽

① 3, 43, 23　② 7, 15, 35　③ 5, 52, 14

④ 11, 45, 42　⑤ 12, 50, 42　⑥ 9, 5, 53

⑦ 7, 43, 55

11단계 도전! 땅 짚고 헤엄치는 문장제　65쪽

① 21, 56　② 2, 55　③ 3, 35, 38

문장제 풀이

① 13분 17초+8분 39초=21분 56초

② 1시간 25분+1시간 30분=2시간 55분

③ 1시간 27분 23초+2시간 8분 15초
　=3시간 35분 38초

12단계　66쪽

⭐ 90, 30, 30

1, 22, 30

⭐ 1

⭐ 1, 22, 30

12단계　67쪽

① 4, 67 / 5, 7　② 6, 75 / 7, 15

③ 7, 80 / 20 / 8, 20　④ 14, 70 / 10 / 15, 10

⑤ 39, 74 / 14 / 40, 14　⑥ 52, 60 / 53

12단계 68쪽

① 1, 20, 65 / 1, 21, 5

② 3, 42, 75 / 3, 43, 15

③ 5, 37, 69 / 9 / 5, 38, 9

④ 7, 20, 77 / 17 / 7, 21, 17

⑤ 6, 55, 84 / 24 / 6, 56, 24

⑥ 8, 50, 60 / 8, 51

12단계 69쪽

① 3, 34, 63 / 3 / 3, 35, 3

② 7, 22, 71 / 11 / 7, 23, 11

③ 9, 40, 86 / 26 / 9, 41, 26

④ 11, 49, 91 / 31 / 11, 50, 31

⑤ 5, 40, 100 / 40 / 5, 41, 40

12단계 야호! 게임처럼 즐기는 **연산 놀이터** 70쪽

계산이 틀린 친구: __진욱__ , __나영__

연산 놀이터 풀이

• 진욱: 32분 45초
    + 3분 17초
       35분 62초
    ➡ 36분 2초

• 나영: 36분 24초
    +12분 46초
       48분 70초
    ➡ 49분 10초

13

13단계 71쪽

⭐ 70, 10, 10

3, 10, 15

⭐ 1

⭐ 3, 10, 15

13단계 72쪽

① 5, 65 / 6, 5　　② 7, 70 / 8, 10

③ 8, 72 / 12 / 9, 12　　④ 3, 83 / 23 / 4, 23

⑤ 5, 90 / 30 / 6, 30　　⑥ 7, 60 / 8

13단계 73쪽

① 4, 64, 10 / 5, 4, 10

② 6, 80, 20 / 7, 20, 20

③ 3, 70, 34 / 10 / 4, 10, 34

④ 8, 83, 38 / 23 / 9, 23, 38

⑤ 5, 63, 55 / 3 / 6, 3, 55

⑥ 9, 60, 40 / 10, 40

13단계 74쪽

① 6, 75, 25 / 15 / 7, 15, 25

② 6, 80, 25 / 20 / 7, 20, 25

③ 5, 63, 55 / 3 / 6, 3, 55

④ 10, 72, 44 / 12 / 11, 12, 44

⑤ 9, 100, 35 / 40 / 10, 40, 35

13단계 야호! 게임처럼 즐기는 **연산 놀이터**   75쪽

① 2시 50분 40초	② 4시 40분 25초
+ 20분 10초	+ 25분 20초
2시 70분 50초	4시 65분 45초
→3시 10분 50초	→5시 5분 45초
③ 7시 35분 5초	④ 10시 45분 35초
+ 40분 25초	+ 1시간 35분 5초
7시 75분 30초	11시 80분 40초
→8시 15분 30초	→12시 20분 40초

14

14단계   76쪽

71 / 4, 11, 2

☆ 1, 1

☆ 4, 11, 2

14단계   77쪽

① 1, 65, 63 / 1, 66, 3 / 2, 6, 3

② 3, 60, 75 / 3, 61, 15 / 4, 1, 15

③ 5, 62, 65 / 5 / 5, 63, 5 / 3 / 6, 3, 5

④ 7, 76, 83 / 23 / 7, 77, 23 / 17 / 8, 17, 23

14단계   78쪽

① 4, 70, 85 / 25 / 4, 71, 25 / 11 / 5, 11, 25

② 6, 75, 63 / 3 / 6, 76, 3 / 16 / 7, 16, 3

③ 7, 83, 75 / 15 / 7, 84, 15 / 24 / 8, 24, 15

④ 8, 83, 60 / 8, 84 / 24 / 9, 24

14단계   79쪽

① 8, 81, 70 / 10 / 8, 82, 10 / 22 / 9, 22, 10

② 9, 72, 91 / 31 / 9, 73, 31 / 13 / 10, 13, 31

③ 11, 59, 60 / 11, 60 / 12

④ 9, 80, 100 / 40 / 9, 81, 40 / 21 / 10, 21, 40

14단계 야호! 게임처럼 즐기는 **연산 놀이터**   80쪽

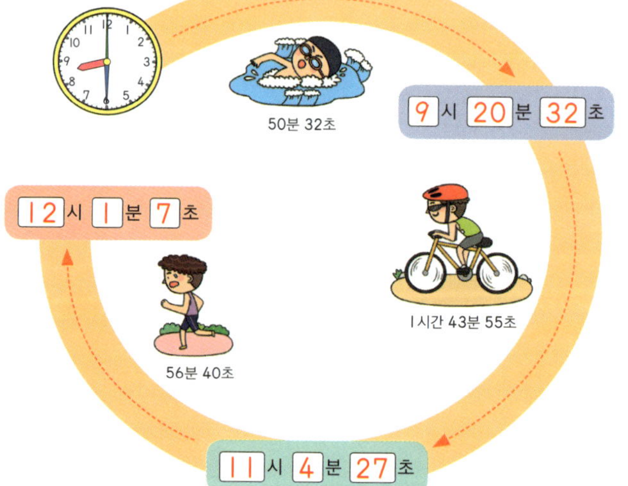

- 수영 도착 시각: 8시 30분
  +   50분 32초
  ────────────────
  8시 80분 32초
  ➡ 9시 20분 32초

- 사이클 도착 시각: 9시 20분 32초
  + 1시간 43분 55초
  ────────────────────
  10시 63분 87초
  ➡ 10시 64분 27초
  ➡ 11시   4분 27초

- 마라톤 도착 시각: 11시 4분 27초
  +   56분 40초
  ────────────────────
  11시 60분 67초
  ➡ 11시 61분 7초
  ➡ 12시 1분 7초

15

15단계   81쪽

3, 30

⭐ 3, 30

2, 35, 5

⭐ 2, 35, 5

15단계   82쪽

① 1, 30   ② 9, 10   ③ 12, 39

④ 9, 8   ⑤ 2, 15   ⑥ 5, 8

⑦ 3, 16   ⑧ 8, 17

15단계   83쪽

① 2, 20, 9   ② 1, 6, 2   ③ 5, 23, 7

④ 6, 26, 5   ⑤ 4, 19, 17   ⑥ 15, 16

⑦ 3, 43, 44

15단계   야호! 게임처럼 즐기는 **연산 놀이터**   84쪽

계산이 바른 것과 짝지어진 동물: <u>토끼</u> , <u>고양이</u>

- 코끼리: 3시 25분
  − 2시간 10분
  ─────────────
  1시 15분

- 사자: 2시 46분
  −   19분
  ─────────────
  2시 27분

16

16단계   85쪽

16, 15

⭐ 16, 15

1, 15, 10

⭐ 1, 15, 10

① 5, 15   ② 21, 8   ③ 24, 18

④ 4, 20   ⑤ 2, 18   ⑥ 5, 8

⑦ 6, 27

① 3, 8, 9   ② 4, 5, 16   ③ 2, 9, 25

④ 3, 19, 27   ⑤ 5, 11, 16   ⑥ 5, 26, 10

⑦ 2, 48, 7

① 4, 20   ② 5, 19   ③ 1, 32, 44

```
①   7분 45초        ②    7시    34분
  − 3분 25초           − 2시    15분
    4분 20초             5시간  19분

③   2시간 54분 55초
  − 1시간 22분 11초
    1시간 32분 44초
```

17단계

⭐ 80, 50

2, 4, 50

⭐ 60

⭐ 2, 4, 50

① 4, 40   ② 6, 45   ③ 7, 35

④ 4, 47   ⑤ 5, 40   ⑥ 9, 38

⑦ 15, 55   ⑧ 22, 49

① 4, 5, 47   ② 6, 9, 18   ③ 5, 7, 35

④ 8, 18, 35   ⑤ 2, 10, 15   ⑥ 1, 14, 43

⑦ 2, 13, 42   ⑧ 7, 42

① 1, 6, 37   ② 4, 10, 50   ③ 1, 7, 44

④ 2, 9, 42   ⑤ 6, 8, 49   ⑥ 8, 12, 38

⑦ 6, 19, 56

① 2, 24, 55   ② 3, 34, 40   ③ 4, 6, 55

```
①   2시  30분(29)  5초(60)   ②   4시  50분(49)  10초(60)
  −        5분     10초        − 1시간  15분     30초
    2시  24분     55초          3시    34분     40초

③   6시  15분(14)  20초(60)
  − 2시간   8분     25초
    4시     6분     55초
```

18단계

⭐ 70, 55

3, 55, 20

⭐ 60

⭐ 3, 55, 20

18단계   95쪽

① 2, 50   ② 5, 55   ③ 1, 52
④ 2, 45   ⑤ 1, 43   ⑥ 1, 56
⑦ 2, 37   ⑧ 6, 48

18단계   96쪽

① 3, 50, 17   ② 6, 40, 44   ③ 4, 43, 19
④ 7, 35, 19   ⑤ 2, 40, 25   ⑥ 4, 43, 7
⑦ 5, 59, 10   ⑧ 49, 39

18단계   97쪽

① 2, 53, 20   ② 1, 41, 11   ③ 4, 32, 16
④ 1, 47, 4   ⑤ 2, 57, 17   ⑥ 3, 52, 18
⑦ 7, 59, 3

18단계 야호! 게임처럼 즐기는 **연산 놀이터**   98쪽

- 숙제 시작 시각: 7시 10분 (6 60)
  − 50분
  6시 20분

- 시소에 올라탄 시각: 6시 20분 (5 60)
  − 2시간 30분
  3시 50분

- 학교에서 나온 시각: 3시 50분 (2 60)
  − 55분
  2시 55분

19단계   99쪽

50 / 8, 24, 50

⭐ 60, 60

⭐ 8, 24, 50

19단계   100쪽

① 2, 56, 45   ② 3, 30, 50   ③ 4, 45, 58
④ 5, 52, 43   ⑤ 6, 48, 35   ⑥ 7, 37, 57
⑦ 8, 59, 57   ⑧ 9, 51, 59

19단계   101쪽

① 2, 52, 35   ② 2, 40, 51   ③ 1, 55, 18
④ 3, 21, 42   ⑤ 2, 51, 51   ⑥ 6, 47, 19
⑦ 1, 58, 55   ⑧ 5, 57, 18

19단계  게임처럼 즐기는 **연산 놀이터**   103쪽

야구

<table>
<tr><td>• 축구:</td><td>7시</td><td>55분</td><td>20초</td></tr>
<tr><td></td><td>−6시</td><td>10분</td><td>15초</td></tr>
<tr><td></td><td>1시간</td><td>45분</td><td>5초</td></tr>
</table>

• 배드민턴: 5시 2̶6̶분(25) 30초(60)
　　　　　 −4시 15분 40초
　　　　　 1시간 10분 50초

• 야구: 4̶시(3) 5분(60) 45초
　　　 −2시 10분 22초
　　　 1시간 55분 23초

• 배구: 8̶시(7) 3̶0̶분(29, 60) 5초(60)
　　　 −6시 50분 35초
　　　 1시간 39분 30초

20단계   106쪽

⭐ L, mL

⭐ 1000

⭐ L, mL, 리터, 밀리리터

⭐ 1000, 1500

20단계  땅 짚고 헤엄치는 **문장제**   110쪽

① mL   ② L   ③ mL

④ L   ⑤ L   ⑥ L, mL

⑦ mL

21

21단계 111쪽

5, 800

 L, mL

✿ 5, 800

1, 200

✿ L, mL

✿ 1, 200

21단계 112쪽

① 3, 400 ② 7, 850 ③ 7, 570

④ 15, 680 ⑤ 17, 520 ⑥ 19, 820

⑦ 17, 930 ⑧ 44, 830

21단계 113쪽

① 1, 100 ② 2, 200 ③ 3, 330

④ 5, 250 ⑤ 5, 180 ⑥ 8, 160

⑦ 7, 910 ⑧ 8, 30

21단계 114쪽

① 6, 800 ② 9, 550 ③ 23, 600

④ 21, 810 ⑤ 2, 310 ⑥ 9, 160

⑦ 2, 180 ⑧ 23, 220

21단계 야호! 게임처럼 즐기는 **연산 놀이터** 115쪽

① 2 L 650 mL ② 150 mL ③ 2 L 800 mL

연산 놀이터 풀이

① 1 L 200 mL + 1 L 450 mL = 2 L 650 mL

② 1 L 500 mL − 1 L 350 mL = 150 mL

③ 1 L 350 mL + 1 L 450 mL = 2 L 800 mL

22

22단계 116쪽

✿ 1300, 1, 300

6, 300

✿ 1

22단계 117쪽

① 7, 200 ② 8, 100 ③ 9, 100

④ 16, 400 ⑤ 21, 550 ⑥ 31, 100

⑦ 29, 50 ⑧ 38, 400

22단계 118쪽

① 10, 150 ② 16, 170 ③ 17, 490

④ 19, 110 ⑤ 34, 310 ⑥ 43, 330

⑦ 46 ⑧ 40, 70

22단계 119쪽

① 15, 180 ② 18, 190 ③ 31, 300

④ 36, 560 ⑤ 43, 410 ⑥ 43, 720

⑦ 40, 100 ⑧ 50, 70

22단계 야호! 게임처럼 즐기는 **연산 놀이터** 120쪽

- 　2 L　400 mL
  + 1 L　700 mL
  　4 L　100 mL

- 　1 L　450 mL
  + 2 L　800 mL
  　4 L　250 mL

- 　2 L　650 mL
  + 2 L　550 mL
  　5 L　200 mL

23단계　　　　121쪽

✩ 1200, 700

1, 700

✩ 1000

23단계　　　　122쪽

① 1, 800　　② 2, 800　　③ 2, 500

④ 3, 300　　⑤ 1, 850　　⑥ 8, 800

⑦ 880　　　⑧ 7, 870

23단계　　　　123쪽

① 2, 560　　② 1, 920　　③ 4, 960

④ 4, 880　　⑤ 1, 730　　⑥ 8, 990

⑦ 7, 870　　⑧ 13, 250

23단계　　　　124쪽

① 7, 620　　② 8, 820　　③ 3, 670

④ 9, 760　　⑤ 5, 780　　⑥ 8, 750

⑦ 14, 990　　⑧ 19, 80

23단계　도전! 땅 짚고 헤엄치는 문장제　　　　125쪽

1, 900 / 1, 850 / 1, 800 / 1, 950 / 시혁

- 유준:　3 L　400 mL
  　　－1 L　500 mL
  　　　1 L　900 mL
- 시영:　4 L　200 mL
  　　－2 L　350 mL
  　　　1 L　850 mL
- 지민:　3 L　350 mL
  　　－1 L　550 mL
  　　　1 L　800 mL
- 시혁:　4 L　100 mL
  　　－2 L　150 mL
  　　　1 L　950 mL

따라서 주스를 가장 많이 마신 친구는 시혁입니다.

24단계　　　　126쪽

✩ kg, g, t

✩ 1000, 1000

✩ kg, g, 킬로그램, 그램

✩ 1000, 1200

24단계　　　　127쪽

① 1000　　② 2000　　③ 5000

④ 3　　　　⑤ 7　　　　⑥ 9

⑦ 1000　　⑧ 3000　　⑨ 8000

⑩ 2　　　　⑪ 4　　　　⑫ 6

24단계 128쪽

① 1500 ② 2800 ③ 4150
④ 7550 ⑤ 8240 ⑥ 10020
⑦ 2, 100 ⑧ 3, 650 ⑨ 9, 820
⑩ 8, 910 ⑪ 5, 3 ⑫ 6, 80

24단계 129쪽

① 1400 ② 2700 ③ 3650
④ 6950 ⑤ 7820 ⑥ 14060
⑦ 2, 500 ⑧ 4, 370 ⑨ 7, 590
⑩ 9, 740 ⑪ 6, 2 ⑫ 8, 30

24단계 도전! 땅 짚고 헤엄치는 **문장제** 130쪽

① g ② kg ③ t ④ g
⑤ t ⑥ kg, g ⑦ kg

25

25단계 131쪽

4, 600

⭐ kg, g

⭐ 4, 600

2, 200

⭐ kg, g

⭐ 2, 200

25단계 132쪽

① 3, 500 ② 8, 700 ③ 8, 650
④ 16, 680 ⑤ 19, 600 ⑥ 21, 930
⑦ 34, 740 ⑧ 35, 820

25단계 133쪽

① 1, 200 ② 3, 400 ③ 4, 510
④ 3, 260 ⑤ 4, 440 ⑥ 8, 90
⑦ 7, 110 ⑧ 9, 370

25단계 134쪽

① 6, 800 ② 8, 650 ③ 25, 820
④ 32, 510 ⑤ 3, 630 ⑥ 7, 240
⑦ 19, 370 ⑧ 38, 580

25단계 도전! 땅 짚고 헤엄치는 **문장제** 135쪽

① 9, 900 ② 2, 620
③ 36, 700 ④ 2, 240

문장제 풀이

① 7 kg 600 g + 2 kg 300 g = 9 kg 900 g

② 5 kg 850 g − 3 kg 230 g = 2 kg 620 g

③ 34 kg 450 g + 2 kg 250 g = 36 kg 700 g

④ 6 kg 400 g − 4 kg 160 g = 2 kg 240 g

26

26단계 136쪽

⭐ 1200, 1, 200

9, 200

⭐ 1

26단계 137쪽

① 4, 100 ② 8, 300 ③ 10, 200
④ 15, 400 ⑤ 26, 550 ⑥ 32, 100
⑦ 26, 50 ⑧ 44, 600

26단계 138쪽

① 9, 150 ② 11, 270 ③ 11, 250
④ 21, 380 ⑤ 23, 100 ⑥ 42, 120
⑦ 43 ⑧ 31, 20

26단계 139쪽

① 19, 350 ② 18, 480 ③ 29, 730
④ 34, 400 ⑤ 33, 210 ⑥ 50, 100
⑦ 40, 100 ⑧ 43, 50

26단계 야호! 게임처럼 즐기는 **연산 놀이터** 140쪽

① 5 kg 450 g ② 4 kg 280 g
③ 3 kg 380 g ④ 6 kg 350 g

연산 놀이터 풀이

①	1 kg 800 g		②	1 kg 580 g
	+ 3 kg 650 g			+ 2 kg 700 g
	5 kg 450 g			4 kg 280 g
③	1 kg 800 g		④	2 kg 700 g
	+ 1 kg 580 g			+ 3 kg 650 g
	3 kg 380 g			6 kg 350 g

27

27단계 141쪽

⭐ 1200, 500

2, 500

⭐ 1000

27단계 142쪽

① 3, 600 ② 2, 900 ③ 4, 800
④ 4, 700 ⑤ 5, 950 ⑥ 12, 900
⑦ 900 ⑧ 6, 750

27단계 143쪽

① 1, 330 ② 2, 840 ③ 10, 930
④ 5, 720 ⑤ 7, 840 ⑥ 4, 790
⑦ 6, 610 ⑧ 15, 170

27단계 144쪽

① 6, 750 ② 12, 440 ③ 7, 830
④ 4, 720 ⑤ 9, 880 ⑥ 18, 380
⑦ 17, 970

27단계 도전! 땅 짚고 헤엄치는 **문장제** 145쪽

① 16, 750 ② 46, 760
③ 37, 550 ④ 25, 960

문장제 풀이

①	34 1000 35 kg 500 g		②	81 1000 82 kg 260 g
	− 18 kg 750 g			− 35 kg 500 g
	16 kg 750 g			46 kg 760 g
③	55 1000 56 kg 300 g		④	81 1000 82 kg 260 g
	− 18 kg 750 g			− 56 kg 300 g
	37 kg 550 g			25 kg 960 g

초등 수학 공부, 이렇게 하면 효과적!

"펑펑 내려야 눈이 쌓이듯
공부도 집중해야 실력이 쌓인다!"

학교 다닐 때는? 학기별 연산책 '바빠 교과서 연산'

'바빠 교과서 연산'부터 시작하세요. 학기별 진도에 딱 맞춘 쉬운 연산 책이니까요! 방학 동안 다음 학기 선행을 준비할 때도 '바빠 교과서 연산'으로 시작하세요! 교과서 순서대로 빠르게 공부할 수 있어, 첫 번째 수학 책으로 추천합니다.

시험이나 서술형 대비는? '나 혼자 푼다 바빠 수학 문장제'

학교 시험을 대비하고 싶다면 '나 혼자 푼다! 수학 문장제'로 공부하세요. 너무 어렵지도 쉽지도 않은 딱 적당한 난이도로, 빈칸을 채우면 풀이 과정이 완성됩니다! 막막하지 않아요~ 요즘 학교 시험 풀이 과정을 손쉽게 연습할 수 있습니다.

방학 때는? 10일 완성 영역별 연산책 '바빠 연산법'

내가 부족한 영역만 골라 보충할 수 있어요! 예를 들어 4학년인데 나눗셈이 어렵다면 나눗셈만, 5학년인데 분수가 어렵다면 분수만 골라 훈련하세요. 방학 때나 학습 결손이 생겼을 때, 취약한 연산 구멍을 빠르게 메꿀 수 있어요!

바빠 연산 영역:
덧셈, 뺄셈, 구구단, 시계와 시간, 길이와 시간 계산, 곱셈, 나눗셈, 약수와 배수, 분수, 소수, 자연수의 혼합 계산, 분수와 소수의 혼합 계산, 평면도형 계산, 입체도형 계산, 비와 비례, 방정식, 확률과 통계

바빠 ^{시리즈} 초등 학년별 추천 도서

학년	학기별 연산책 바빠 교과서 연산 학기 중, 선행용으로 추천!	나 혼자 푼다! 수학 문장제 학교 시험 서술형 완벽 대비!
1학년	· 바빠 교과서 연산 1-1 · 바빠 교과서 연산 1-2	· 나 혼자 푼다! 수학 문장제 1-1 · 나 혼자 푼다! 수학 문장제 1-2
2학년	· 바빠 교과서 연산 2-1 · 바빠 교과서 연산 2-2	· 나 혼자 푼다! 수학 문장제 2-1 · 나 혼자 푼다! 수학 문장제 2-2
3학년	· 바빠 교과서 연산 3-1 · 바빠 교과서 연산 3-2	· 나 혼자 푼다! 수학 문장제 3-1 · 나 혼자 푼다! 수학 문장제 3-2
4학년	· 바빠 교과서 연산 4-1 · 바빠 교과서 연산 4-2	· 나 혼자 푼다! 수학 문장제 4-1 · 나 혼자 푼다! 수학 문장제 4-2
5학년	· 바빠 교과서 연산 5-1 · 바빠 교과서 연산 5-2	· 나 혼자 푼다! 수학 문장제 5-1 · 나 혼자 푼다! 수학 문장제 5-2
6학년	· 바빠 교과서 연산 6-1 · 바빠 교과서 연산 6-2	· 나 혼자 푼다! 수학 문장제 6-1 · 나 혼자 푼다! 수학 문장제 6-2